Fritz-Albert Popp DIE BOTSCHAFT DER NAHRUNG

Fritz-Albert Popp

# DIE BOTSCHAFT DER NAHRUNG

Mit einem Interview
*Fritz-Albert Popp im Gespräch*
*mit Mathias Bröckers*

Zweitausendeins

Erweiterte und aktualisierte Neuausgabe.
1. Auflage, Oktober 1999.
2. Auflage, Februar 2000.



Lektorat: Thomas Neumann und Ekkehard Kunze (Büro W, Wiesbaden).
Umschlaggestaltung: Sabine Kauf.
Satz und Herstellung: Dieter Kohler GmbH, Nördlingen.
Druck: Gutmann+Co GmbH, Talheim.
Einband: G. Lachenmaier, Reutlingen.
Printed in Germany.

Dieses Buch gibt es nur bei Zweitausendeins im Versand, Postfach, D-60381 Frankfurt am Main, Telefon 069-420 8000 oder 01805-23 2001, Fax 069-415 003 oder 01805-24 2001.
Internet www.Zweitausendeins.de, E-Mail info@zweitausendeins.de.
Oder in den Zweitausendeins-Läden in Berlin, Düsseldorf, Essen, Frankfurt, Freiburg, 2x in Hamburg, in Hannover, Köln, Mannheim, München, Nürnberg, Saarbrücken, Stuttgart.

In der Schweiz über buch 2000, Postfach 89, CH-8910 Affoltern a. A.

ISBN 3-86150-319-0

# Inhalt

## Der Weg eines Physikers zum Licht

Fritz-Albert Popp im Gespräch mit Mathias Bröckers

Es ist Licht in unseren Zellen. Jede lebende Substanz, jede organische Zelle von Pflanzen, Menschen, Tieren strahlt ein äußerst schwaches, aber kohärentes, d.h. geordnetes, laserartiges Licht ab. Ein Licht, das sich wie Laserstrahlen hervorragend zur Signalübertragung eignet und vermutlich sämtliche Energiefelder des Organismus, der zellularen und interzellularen Kommunikation steuert. Erstmals in den 20er Jahren in der Sowjetunion entdeckt, konnte die Strahlung erst 1975 von einer Gruppe deutscher Biophysiker unter der Leitung von Professor Fritz-A. Popp zweifelsfrei nachgewiesen werden. Doch mit diesen Messungen, die seitdem an vielen Universitäten der Welt bestätigt worden sind, wurde nicht nur eines der spannendsten Kapitel der heutigen Biophysik und »Life Sciences« aufgeschlagen, sondern auch ein ziemlich düsterer Abschnitt der modernen Wissenschaftsgeschichte: Fritz Popp verlor seine damalige Professur bzw. seine Dozentur an der Uni Marburg und war in den folgenden zwei Jahrzehnten dem schikanösen Mobbing einer Lobby von Wissenschaftlern ausgesetzt, das in vielen Zügen Parallelen zu der Verfolgung von Wilhelm Reich in den 50er Jahren trägt. Auch dieser war bekanntlich einer biologischen Strahlung auf der Spur, die er »Orgon« nannte, und wurde trotz höchster Reputation vom akademischen Establishment als Scharlatan und Spinner denunziert. Popp & die von ihm »Biophotonen« genannte Lichtstrahlung haben eine ähnliche Odyssee hinter sich – allerdings mit glücklicherem Ausgang als bei Reich, der in einem amerikanischen Gefängnis starb.

Die Existenz der Biophotenen-Strahlung ist mittlerweile international anerkannt und wird an vielen Hochschulen erforscht – und Fritz Popp hat die inquisitorischen Schikanen der Wissenschaftsmafia dank privater Mäzene und der praktischen Umsetzung seiner Entdeckung für die Lebensmittelanalyse überlebt. So liefert die Biophotonen-Messung beispielsweise erstmals ein eindeutiges Kriterium dafür, ob ein Hühnerei unter Freilandbedingungen oder in einer Legebatterie erzeugt wurde.

Gesunde, biologisch erzeugte Lebensmittel wiesen eine deutlich höhere Biophotonen-Strahlung auf als Treibhausware – ein Ende des Etikettenschwindels mit »Bio« ist in Sicht.

Und gleichzeitig ein neuer Blick auf das organische Leben insgesamt und die Zukunft der medizinischen Diagnostik, für die die Biophotonen-Analyse im einundzwanzigsten Jahrhundert einen ebenso großen Fortschritt bedeuten könnte wie für das zwanzigste Jahrhundert die Entdeckung der Röntgenstrahlen. Auch die antiken Vorstellungen der Lebenskraft, die energetische Aura des »Lichtwesens« Mensch, das »prana« der indischen und das »Chi« der chinesischen Medizin strahlen dank der Biophotonen-Entdeckung nunmehr in einem ganz neuen Licht. Eben dies, die Wiederbelebung der alten vitalistischen Konzepte durch eine nunmehr objektive Messung, ist der Grund für den Skandal, den Popps Entdeckung in der Schulwissenschaft macht – und für die Tatsache, daß hier das bedeutendste, zukunftsträchtigste Forschungsgebiet der Wissenschaften vom Leben liegt.

M. B.

*Herr Professor Popp, wie sind Sie als Schüler oder Student zur Physik, Ihrem Studien- und Fachgebiet, überhaupt gekommen?*

Eigentlich darf ich das gar nicht sagen: Ich wollte ursprünglich Philosoph werden. Und das ist schon ein Angriffspunkt für meine Theorien, denn heute macht man sich verächtlich, wenn man als Wissenschaftler Philosoph genannt wird. Mein Physiklehrer hat mich dann überredet, Physik zu studieren. Er sagte: Studier erstmal Physik, dann kannst du auch ein guter Philosoph werden. So fing ich dann an, Physik zu studieren, und habe das auch nie bereut. Die Physik ist so umfangreich, daß man keine Zeit mehr hat, Philosoph zu werden, wenn man sich damit beschäftigt.

*Welchen Teilbereich der Physik haben Sie sich vorgenommen?*

Ursprünglich war ich sehr an der Elektrodynamik interessiert, aber später hat mich dann die Quantentheorie fasziniert. Einfach deshalb, weil ich enorme Probleme hatte, die Quantentheorie zu verstehen. Und es lohnt sich, sich damit auseinanderzusetzen, weil im Laufe der Zeit eine Gewöhnung eintritt an eine Logik, die wesentlich logischer und wesentlich stringenter ist als unsere klassische Logik.

Ich habe dann in Mainz in Quantentheorie promoviert und später, als ich die mathematische Technik beherrschte, interessierten mich Anwendungsmöglichkeiten. Ich ahnte, daß das Bild weiter auszudehnen ist, daß man weitergehen kann, daß man nicht auf einzelne Moleküle zurückgreifen muß, um die Quantentheorie zu exerzieren, sondern daß man vorwiegend auch makroskopische Systeme besser versteht, wenn man die Gesetze der Quantentheorie einsetzt. Und so interessierte mich dann die Medizin; ich habe dann in Biophysik, einem medizinischen Fachbereich, habilitiert und begann in dieses Thema einzusteigen durch eine Frage, die von der Quantentheorie her lösbar erschien, nämlich die Frage, warum sind manche Moleküle, wie z. B. das Benzo(a)pyren, das im Tabakrauch vorkommt, stark krebserregend, während andere Moleküle, die diesem

Benzo(a)pyren wie ein Zwilling dem anderen gleichen – sie unterscheiden sich nur durch die Anordnung eines Benzolrings – völlig harmlos sind. Da die chemischen Eigenschaften relativ gleich sind, dachte ich, man müßte von der Physik her die Frage klären, in welcher Eigenschaft sich diese Moleküle so ganz grundlegend unterscheiden, daß das eine Krebs erregen kann und das andere nicht. Und wenn man diese grundlegenden Eigenschaften – es konnten nicht sehr viele sein – über quantentheoretische Berechnungen, z.B. des Spektrums, wenn man diese grundlegenden Eigenschaften, in denen sie sich unterscheiden, erkannt hätte, dann wüßte man auch mehr über die Entstehung des Krebses. Das war eigentlich die Ausgangsfrage. Mich hat das sehr fasziniert, und da ich gelernt hatte, wie man die Wellenfunktion und die angeregten Zustände solcher Moleküle berechnet, habe ich das getan und dann einfach die Listen der Ergebnisse verglichen und versucht herauszufinden, in welchen Eigenschaften sich wirklich grundlegende Unterschiede in den molekularen quantentheoretischen Ergebnissen ergeben. Und ich fand, glücklicherweise, bei Benzo(a)pyren und Benzo(e)pyren – das Benzo(a)pyren ist eine stark karzinogene Substanz, das Benzo(e)pyren ist harmlos – einen einzigen Aspekt, in dem sie sich wirklich grundlegend unterschieden, und das war eine optische Eigenschaft. Also keine chemische Eigenschaft, nicht etwa verschiedene chemische Reaktionen, auch nicht irgendwelche Verhaltensmerkmale in der Löslichkeit oder in anderen einfachen physikalischen Eigenschaften, sondern in einem optischen Parameter.

*Wie sah dieser optische Parameter aus?*

Vereinfacht ausgedrückt, ist das Benzo(a)pyren für ultraviolettes Licht nicht durchlässig. Das ultraviolette Licht, bei etwa 380 Nanometer, wird von Benzo(a)pyren absorbiert, wird aber dann im Molekül transformiert in andere Wellenlängen und wieder reemittiert, es wird also verfälscht. Während das Benzo(e)pyren, das harmlose Molekül, das dieses Licht bei 380 Nanometer einfach durchläßt, transparent ist.

*Das »gefährliche« Benzpyren-Molekül spiegelt also ultraviolettes Licht zurück und verfälscht es dabei. Wie ist das zu erklären?*

Es hat eine seltsame optische Eigenschaft, die man in der Quantentheorie »Entartung« nennt, eine Entartung der entsprechenden Energieniveaus. Aber das wäre alles noch verkraftbar gewesen, oder man hätte gesagt, na gut, warum nicht. Doch parallel dazu fiel mir auf, daß das Benzo(a)pyren, diese stark krebserregende Substanz, in den 30er Jahren dadurch als krebserregende Substanz erkannt worden ist, daß ein englischer Wissenschaftler einige Tonnen Steinkohlenteer gekauft hat und diesen Steinkohlenteer mit ultraviolettem Licht, um 380 Nanometer belichtet, angestrahlt hat – und dann immer die Substanz isolierte, die sehr eindrucksvoll und sehr absonderlich reemittierte. Und auf diese Weise hat er das Benzo(a)pyren gefunden. Keine Statistik der Welt kann dieses Ergebnis übertreffen, das hier aus dem Experiment her darauf hindeutet, es muß eine optische Eigenschaft sein. Stellen Sie sich mal vor, wieviele verschiedene Moleküle, unter anderen natürlich auch das Benzo(e)pyren, in diesem Steinkohlenteer vorkommen. Sie wenden eine Eigenschaft an, nämlich eine optische Eigenschaft, und finden die Stecknadel in diesem Heuhaufen genau durch diese optische Eigenschaft. Für mich war von diesem Zeitpunkt an glasklar, daß es einen Zusammenhang geben muß zwischen der karzinogenen Eigenschaft des Benzo(a)pyren und seinen optischen Besonderheiten.

*Daß Krebsentstehung etwas mit optischen Fragen, mit Licht zu tun haben könnte, klingt erst einmal ungewöhnlich. Kommt der Optik hier tatsächlich eine so wichtige Rolle zu?*

Ja, bei der Tumorentstehung. Ich habe mich natürlich auch mit den anderen Tumorentstehungsmöglichkeiten beschäftigt und auch mit der chemischen Karzinogenese sehr intensiv befaßt. Ich war damals Dozent an der Universität Marburg, hatte also Zeit und konnte mich wissenschaftlich sehr gründlich mit diesen Dingen beschäftigen. Ich konnte Doktoranden mit verschiedenen Themen betrauen. Und im

Laufe der Jahre wurde bei mir das Bild, daß hier irgendwelche Lichteigenschaften für die Tumorentstehung verantwortlich sind, dieses Bild wurde immer klarer. Ich habe natürlich noch viele Anhaltspunkte gefunden z. B. gibt es im Organismus einen sogenannten Fotorepair, Fotoreparatur nennt man das. Das funktioniert so: Sie bestrahlen Zellen der Zellverbände mit ultraviolettem Licht, um 380 Nanometer oder höher, und zerfetzen die DNA zu einem solchen Anteil, daß vielleicht nur noch zwei, drei Prozent davon ungeschädigt bleiben. Wenn Sie dann dieses Molekülgewirr anschließend mit dem gleichen Licht um 380 Nanometer, allerdings mit sehr schwacher Intensität, wieder bestrahlen, dann werden diese Schäden innerhalb eines Tages wieder behoben. Man nennt das Fotoreparatur. Damals wußte man es noch nicht genau, aber heute weiß man, daß diese Fotoreparatur von der einzelnen Zelle bis zum Menschen in allen Organismen funktioniert.

*Das hört sich an wie ein Wunder…*

Bis heute kennt man die Mechanismen nicht, man weiß nur, daß es geht. Dieser Effekt ist unbestritten. Natürlich habe ich dann Zusammenhänge dazu hergestellt und gedacht, nehmen wir mal an, dieses Molekül Benzo(a)pyren taucht in den Zellen auf, es wird aufgenommen, und es findet ständig vom Organismus her – die Strahlung muß ja nicht unbedingt von außen kommen – eine solche Fotoreparatur statt. Dann kann es sein, daß dieses Benzo(a)pyren die Reparatursignale verfälscht, und durch die Verfälschung dieser Signale wird die Reparatur der Zellen unterbunden, und daraus entsteht Krebs. Das war natürlich nicht reine Spinnerei, denn man kennt Patienten, z. B. solche, die Xeroderma pigmentosum haben, das ist eine Hautkrebsart, bei der dieses Reparatursystem nicht funktioniert. Und die Ursache für die Entstehung des Krebses ist genau das Ausfallen dieser Reparatur. Diese Patienten werden nicht älter als 20 Jahre, sie können nicht geheilt werden, weil man das Reparatursystem selbst nicht reparieren kann. Hier zeichneten sich sehr viele Zusammenhänge ab, und mir wurde immer klarer, daß darin die wirkliche Ursache für die Tumorentstehung liegt. Ich habe das dann auch veröffentlicht – damals noch ein anerkannter Wissenschaftler, dessen Publikationen gelesen wurden. Meine Arbeiten wurden akzeptiert und diskutiert. Ich habe sogar eine Einladung bekommen vom Krebsforschungszentrum in Heidelberg zu einer Klausurtagung, an der die 15 renommiertesten Krebsforscher der damaligen Zeit teilnahmen. Das war für mich ein großes Erlebnis; zwar hat man mich nicht als großen Krebsforscher eingeladen, sondern man hielt meine Arbeiten für interessant und diskussionswürdig und wollte mir die Gelegenheit geben, vor diesem Gremium darüber zu berichten. Ich kann mich heute noch erinnern: Ich hatte den besten Anzug an, sprach das schlechteste Englisch von allen und brachte es immerhin fertig, daß eine der Teilnehmerinnen, eine französische Wissenschaftlerin, die damals sehr bekannt war durch ihre Untersuchungen an chemischer Karzinogenese, sozusagen die Päpstin auf diesem Gebiet, das sehr ernst nahm, was ich gesagt habe. Und sie ist zu mir gekommen und hat gesagt, ich sollte diese Theorie nie aufgeben, sie sei überzeugt davon, daß ich recht habe. Das hat mich verblüfft, weil die anderen eher verhalten bzw. zurückhaltend reagiert haben. Und am Schluß dieser Tagung hat man mir gesagt, also wenn diese Theorie richtig ist, dann muß es ja auch Licht in den Zellen geben, denn ohne Licht können diese Prozesse natürlich gar nicht stattfinden. Und ich habe geistesgegenwärtig reagiert und gesagt: »Warum eigentlich nicht?«

*War das nur Geistesgegenwart, oder hatten Sie sich da schon mit der Möglichkeit, daß Zellen Licht aussenden könnten, beschäftigt?*

Ich hatte schon einmal etwas in der Richtung läuten hören, nicht allerdings etwas gewußt, und habe gesagt: »Wenn ihr es mir ermöglicht, Forschungsmittel von der Deutschen Forschungsgemeinschaft zu erhalten, dann baue ich so ein Gerät, untersuche das und weise es nach.« Und so ist es dann auch gekommen. Ich habe die Mittel bekommen. Ich habe einen tüchtigen Doktoranden gefunden, der die Untersuchungen machte, und zwei Jahre später hatten wir dann das Gerät auch fertiggebaut. Es mußte das empfindlichste Lichtmeßgerät sein, das man bauen kann, denn der Doktorand meinte, es existiere kein Licht in Zellen, und um nun zu beweisen, daß es kein Licht gibt – auch damit hätte er natürlich promovieren können –, mußte er das empfindlichste Gerät bauen. Und zwei Jahre später hatte er das wirklich stehen. Das Gerät ist heute noch eines der empfindlichsten Geräte, es hat 10 hoch minus 17 Watt; und zu seinem eigenen Erstaunen – ich muß ehrlich sagen, auch zu meinem Erstaunen – zeigte sich wirklich dieses Licht.

*Welche Art von Zellen haben Sie bei den ersten Messungen benutzt?*

Wir haben es zunächst an Gurkenkeimen gemessen, und der Doktorand sagte dann, ja, das ist Chlorophyl, was da leuchtet. Anschließend hat er Kartoffelkeime genommen, die ja völlig chlorophylfrei sind, und zu unserem Erstaunen haben die sogar noch stärker geleuchtet als die Gurkenkeime. Auf diese Weise haben wir uns dann selbst überzeugt, daß das Licht existiert. Auch um 380 Nanometer, es waren aber auch andere Wellenlängen dabei, nicht nur 380 Nanometer, sondern es ging letztlich über den gesamten Bereich von UV bis in den Nahinfrarot-Bereich, bis etwa 800 Nanometer. Nach diesen Messungen im Jahr 1975 waren wir natürlich überzeugt, daß das Licht existiert, und es begannen dann gleichzeitig die Probleme, die heute, 25 Jahre später, in aller Deutlichkeit zu sehen sind.

*Schon Anfang der 20er Jahre gab es ja eine Forschung, vor allen Dingen in der Sowjetunion, die damals die von Ihnen jetzt Biophotonen genannte Strahlung schon entdeckt hatte. Verdanken wir die Entdeckung, die Wiederentdeckung heute, dann letztlich dem ultrafeinen neuen Meßgerät, das Ihr Doktorand mit Ihrer Hilfe konstruiert hat?*

Ich habe in dieser Zeit, ich glaube es war 1973, in *Bild der Wissenschaft* einen Artikel über ein neueres Experiment von russischen Wissenschaftlern gelesen, die vermuteten, daß Strahlen, Lichtwellen, die Sprache der Zellen sind. Das stand in *Bild der Wissenschaft*, und während die Kollegen das gleich weggelegt haben und von Wundern aus der UdSSR gesprochen haben, von Spinnereien usw., habe ich dieses Ergebnis natürlich sehr ernst genommen, einfach deswegen, weil es genau in die Richtung lief, in der wir selbst gedacht hatten. Und im Zuge der Nachforschungen sind wir auch auf die Arbeiten von Alexander Gurwitsch gestoßen, dem eigentlichen Entdecker der Biophotonen. Ich kenne mittlerweile seinen Enkel, der Mitarbeiter in unserem Institut ist und den Lehrstuhl für Entwicklungsbiologie an der Moskauer Staatsuniversität hat. Er hat mir viel von seinem Großvater erzählt, so daß ich heute auch eine Menge über die damalige Entwicklung weiß. Und ich möchte aus der heutigen Sicht sogar sagen, daß ich Alexander Gurwitsch für das größte Genie des zu Ende gehenden Jahrhunderts halte. Er hat genau die richtige Frage gestellt, die letztlich mit dieser Lichtemission verbunden ist. Warum z.B. wächst eine Leber, wenn man sie in Stücke schneidet oder wenn man Teile davon entfernt, warum wächst die Leber genau so nach, so daß die ursprüngliche Form wiederhergestellt wird? Woher weiß eine Zelle, daß sie aufzuhören hat zu wachsen oder daß sie zu wachsen hat, um ihre ursprüngliche Form wiederherzustellen? Und genial wie er war, und das ist der entscheidende Punkt, davon hebt er sich ab von 99,999 Prozent seiner Kollegen, genial wie er war, hat er sofort gemerkt, durch Chemie ist so etwas nicht zu machen. Man kann nicht mit Chemie Informationen dieser Art übertragen, das ist unmöglich. Also ist er auch auf Felder gekommen, er ist der eigentliche Entdecker dessen, was wir heute morphogenetisches Feld nennen. Und er hat in seiner Genialität sogar vermutet, daß es Lichtwellen sein müssen, daß es Lichtstrahlen sein müssen. Er hat dann entsprechende Versuche, den sogenannten Zwiebelversuch, gemacht, bei dem er den Schaft einer Zwiebel der Spitze einer zweiten Zwiebel näherte und die Zahl der Mitosen auszählte, die an der gegenüberliegenden Seite der Spitze auf dem Schaft entstanden. Und wenn er eine Glasplatte dazwischen brachte, eine normale Glasplatte, so verschwand der Effekt, nahm er aber eine Quarzglasplatte, dann konnte er den

Effekt wieder erkennen. Daraus zog er den Schluß, daß es UV-Licht ist, weil das UV-Licht durch Quarz hindurch geht und durch normales Fensterglas abgehalten wird. Er hat diese Strahlung auch in ihrer Bedeutung der zellteilungsauslösenden Wirkung mitogenetische Strahlung genannt. Er hätte in den 30er Jahren fast den Nobelpreis bekommen; seine Versuche wurden damals von anderen Wissenschaftlern nachgemacht, zum größten Teil mit Erfolg. Einige wenige konnten das Ergebnis nicht verifizieren, und die haben ihn dann mehr oder weniger mundtot gemacht. Sie haben ihn schließlich so in die Enge getrieben mit ihrer Hetzpropaganda, man kann es wirklich so nennen, daß keiner mehr an ihn glaubte und er sogar als falscher Prophet gebrandmarkt wurde. Er ist vor etwa 15 Jahren gestorben, aber er war bis zu seinem Tod von der Richtigkeit seiner Überlegungen überzeugt und zuversichtlich, daß sich das durchsetzen würde.

*Diese Verfolgung und ungerechtfertigte, überzogene Kritik an dieser Entdeckung von Gurwitsch in den 20er Jahren hat sicher nicht nur mit der Problematik der Messung einer ultraschwachen Strahlung zu tun, die damals ja noch viel schwieriger war als heute, sondern doch wohl auch mit der Diskussion des wissenschaftlichen Weltbildes, dem alten Streit, der zwischen Vitalismus und Mechanismus, also zwischen zwei Schulen des Erklärens von Lebensvorgängen, da ist. Glauben Sie, daß das Mobbing, das Gurwitsch damals mundtot machte, darauf zurückzuführen ist, daß das orthodoxe Weltbild der Wissenschaft, die mechanistische, molekularbiologische Baukastensicht des Lebens, durch seine Entdeckung ernsthaft ins Wanken geraten wäre?*

Dieser Streit spielt im Hintergrund natürlich eine große Rolle. Dazu kommt die Entwicklung, die immer den Mechanisten recht gibt, weil Mechanisten positivistisch eingestellt sind. Sie haben immer ein Substrat, das den Nachweis für ihre Ideen liefert, und sie sind immer in der glücklichen Lage, daß sie nicht auf Hypothesen oder Theorien zurückzugreifen brauchen, um etwas zu demonstrieren. Andererseits hätte Gurwitsch eigentlich einen guten Nährboden in Rußland gehabt. In Rußland hat sich der Vitalismus viel stärker erhalten als hier in den westlichen Ländern. Gurwitsch hat – meiner Meinung nach – vorwiegend aus drei Gründen diesen Kampf, wenn man das mal so bezeichnen will, verloren. Zum einen hat die aufkommende Biochemie seine Ergebnisse scheinbar überflüssig gemacht. Mit der Entdeckung des genetischen Codes, mit der Entwicklung der Molekularbiologie hat man geglaubt, man brauche keine elektromagnetischen Felder, um das Wachstum zu verstehen. Man hatte Wachstumshormone und viele andere Substanzen. Auch heute noch glaubt man ja, daß es nur chemische Kommunikation gibt. Dieser Streit wurde von Anfang an gegen Gurwitsch entschieden, er hatte keine Chance. Zum zweiten kam hinzu, daß Gurwitsch zwischen die Mühlsteine der Auseinandersetzung von Vitalisten und Mechanisten geraten ist, und zwar deswegen, weil er sich keiner dieser Seiten zugehörig fühlte – Gurwitsch war zu anständig und zu seriös, zu akkurat und zu sorgfältig, um sich von Ideologien leiten zu lassen. Er ist gerade deswegen, weil er nicht zu einer der beiden Gruppen gehörte, meiner Meinung nach das Opfer von beiden Seiten geworden. Und der dritte Punkt: zu der damaligen Zeit hat man auch die Physik viel zu wenig verstanden. Gurwitsch hat es aus diesem Grund sogar abgelehnt, die mitogenetische Strahlung oder die morphogenetischen Felder als physikalische Felder zu betrachten. Das war meiner Meinung nach ein Fehler, aber dieser Fehler resultierte einfach aus der Enttäuschung, daß die damalige Physik selbst keine Erklärung liefern konnte. Heute kann sie das viel eher. Zu der damaligen Zeit hat man z. B. von Lasern nichts gewußt, sie wurden erst in den 50er Jahren entwickelt. Man konnte das auch physikalisch nicht verstehen. Die Zeit war weder technisch noch von den wissenschaftlichen Grundlagen her reif, um diese brillante Idee Gurwitschs zu verifizieren.

*Wir haben in der Wissenschaftsgeschichte und in der Geschichte der Entdeckungen oft solche Wellenbewegungen, daß bestimmte Sachen schon früh entdeckt werden und dann aufgrund bestimmter Zeit-*

*umstände oder noch fehlender Erkenntnisse und Grundlagen wieder völlig in der Versenkung verschwinden, um nach einem gewissen Zeitraum wieder aufzutauchen. Was die Biophotonen angeht, so sind sie in den 20er, 30er Jahren entdeckt und auch erforscht worden, dann aber, weil sich ein anderer Trend, eben der biochemische Erklärungsversuch, dominant durchgesetzt hat, fast 50 Jahre in der Versenkung verschwunden, bis Sie Mitte der 70er in Marburg dieses »unmögliche« Thema wieder auf die Tagesordnung gebracht haben durch Ihre Messung.*

Und unabhängig von Gurwitsch. Wäre ich nämlich über Gurwitsch darauf gestoßen, hätte ich wahrscheinlich genauso reagiert wie die Kollegen auch, ich hätte es für unmöglich gehalten. Aber dadurch, daß ich durch eine völlig andere Betrachtung in die gleiche Richtung gestoßen bin, freute ich mich natürlich enorm, als ich sah, daß ich nicht der einzige war, der solche »Schnapsideen« hatte, sondern, daß das von anderer Seite, und zwar von sehr seriöser Seite, auch schon so gesehen worden war. Gurwitsch war für mich ein Halt, den ich brauchte, um mich gegen die Widerstände, die natürlich auch unmittelbar nach unserer Entdeckung auftraten, zur Wehr setzen zu können. Es hieß damals gleich, ja, die Russen, das wissen wir ja, und man versuchte dann Gurwitsch niederzubügeln. Und zu unserer Entdeckung hat man sofort gesagt, das ist Wärmestrahlung – und von da an ging es wie so oft bei Entdeckungen: Am Anfang sagt man, die Entdeckung gibt es gar nicht; wenn sich dann herausgestellt hat, daß es sie gibt, sagt man, ja, es gibt sie zwar, aber sie ist unwichtig. Wenn sich dann die Wichtigkeit erwiesen hat, sagt man, sie ist zwar wichtig, aber sie ist nicht mehr neu.

*In Sachen Biophotonen sind wir jetzt wahrscheinlich schon beim Übergang von der zweiten in die dritte Phase. 1975, als Sie das erstmals messen konnten, ging aber ein ziemlich unrühmliches Kapitel unserer aktuellen Wissenschaftsgeschichte los: Sie verloren Ihre Stelle an der Universität und hatten große Schwierigkeiten, Ihre Forschung überhaupt fortzusetzen. Die Schikanen, denen Sie durch eine, ja, man kann schon sagen »Wissenschaftsmafia« ausgesetzt waren, zogen sich über Jahre hin. Welcher Lehrmeinung oder welchen Lehrkörpern traten Biophotonen so auf den Fuß, daß Sie von der Universität verbannt werden mußten? Die Geschichte dieses Mobbings füllt mittlerweile ganze Dossiers und ist gerichtsnotorisch – was waren die Hauptgründe, daß Ihnen so viele Hindernisse in den Weg gelegt wurden?*

Ich wäre froh, wenn ich alle diese Gründe kennen würde. Ich bin einfach in eine Geschichte hineingeraten, in der ich viel zu naiv war, um die Gründe zu erkennen. Ich war an einem Institut, in dem vorwiegend die Medizin das Sagen hatte, und ich war Physiker, ein Fremdkörper in gewisser Weise. 1972 hatte mich der Senat einstimmig zum Professor nominiert. Und ich wunderte mich dann, daß ich nur Dozent auf Zeit geworden bin. Ich bin der Sache damals nicht nachgegangen; erst später ist mir klargeworden, daß man mit allen Mitteln verhindern mußte, daß eine Planstelle in einem solchen Institut mit einem Physiker besetzt wurde. Ein zweiter Punkt war, daß ich Strahlenschutzbeauftragter war – und viel zu naiv, um zu sehen, daß auch ein Beauftragter sich gefälligst der Institutsleitung zu unterstellen hat, selbst wenn er Kontrollinstanz ist. Ich glaubte immer, ich würde meine Aufgabe besonders sorgfältig wahrnehmen, wenn ich eben dem einen oder anderen auch mal auf die Füße trat, und damit habe ich mich einfach bei der Leitung dieses Instituts sehr unbeliebt gemacht. Von da gingen dann die Wellen nach außen. Und wenn jemand ist, der wie ich damals schon einen bestimmten Bekanntheitsgrad hatte und einige Mittel bekommt und eine Arbeitsgruppe mit 15 Leuten leitet, dann hat man Schwierigkeiten, einen solchen Menschen wieder loszuwerden. Da werden dann natürlich alle Register gezogen, die an einer Universität möglich sind. Da verbrüdert man sich mit anderen Fakultäten usw., und die Schwierigkeiten wurden immer größer, so daß dann, als sich 1980 die glückliche Chance ergab, Dozenten von der Universität zu entfernen, man diese Gelegenheit auch bei mir genutzt hat. Heute bin ich froh darüber, daß es so gekommen ist, denn ich kann mir gar nicht vorstellen, wenn ich da geblieben wäre, daß ich wirklich so intensiv an diesem Thema hätte weiterarbeiten können.

Ich hätte mich möglicherweise früher oder später einfach geschlagen gegeben und gesagt, warum soll ich mir das Leben schwermachen. So aber hat dieser Schlag – es war ein Schicksalsschlag, vor allem auch für meine Familie, wir saßen ja auf der Straße – dazu geführt, daß ich mich natürlich völlig ungerecht behandelt fühlte und dachte: jetzt erst recht!

Ich bin nicht irgendeiner Karriere hinterhergelaufen, sondern ich habe gesagt, ich muß jetzt alles in meinen Kräften Stehende tun, um die Dinge aufzuhellen und diese Theorie oder diese Ideen zu überprüfen und weiterzuentwickeln. Man hat gerade das Gegenteil von dem erreicht und mich erst richtig zur Aktivität gezwungen.

*Sie haben dann private Mäzene oder andere Möglichkeiten gefunden, Ihre Forschungen zu finanzieren?*

Ich hatte großes Glück, daß die Dinge damals schon so bekannt waren und so leicht eingesehen werden konnten in ihrer Bedeutung, daß es immer wieder – gerade auch von privater Seite – Menschen gab, die gesagt haben, wir müssen das unterstützen, wir müssen ihm weiterhelfen. Und ich habe auch Wissenschaftler gefunden, die mir geholfen haben. An erster Stelle möchte ich Professor Nagl erwähnen, mit dem ich lange Zeit zusammengearbeitet habe. Er hat mich an die Universität in Kaiserslautern geholt, er wollte mir auch einen Lehrstuhl für Biophysik dort verschaffen, konnte sich aber letztlich auch nicht gegen die Lehrmeinung, gegen diese innere Überzeugung der heutigen Wissenschaftler durchsetzen, die eben vor allen Dingen das mechanistische Weltbild in Gefahr sehen, wenn die Dinge, die durch die Biophotonik proklamiert werden, wirklich richtig sind. Das sind keine rationalen Auseinandersetzungen, das sind regelrechte Angstreaktionen.

*Ja, es hat in Ihrem Fall ja fast schon inquisitorische Züge angenommen, Ihre Glaubwürdigkeit in der Öffentlichkeit zu untergraben und zu behaupten: der Popp spinnt.*

... der spinnt, oder der ist verrückt geworden. Das Kultusministerium in Hessen wurde zum Beispiel darauf hingewiesen, daß Gutachten gegen mich vorlägen, die es doch ratsam erscheinen lassen würden, mich in eine Irrenanstalt einzuweisen. Ich habe dann den Dekan, der das behauptet hatte, angeschrieben und gesagt, ich als potentieller Patient müßte doch am ehesten etwas davon hören, damit ich mir die notwendige Pflege angedeihen lassen könne. Ich habe nie eine Antwort darauf bekommen. Denn es gab natürlich keine solchen Testate. Aber allein, daß so etwas irgendwo steht und behauptet wird, reicht aus, um Sie an allen Ecken und Enden unmöglich zu machen.

*Was macht es lehrbuchgläubigen Physikern so schwer, anzuerkennen, daß die an vielen unabhängigen Instituten und Universitäten nachgewiesene Biophotonen-Strahlung ein wissenschaftliches Faktum ist. Müssen sie da über ihren Schatten springen oder ihr Weltbild aus dem Fenster werfen? Oder braucht es erst die biologische Lösung, d. h. das Aussterben einer ganzen Wissenschaftsgeneration, um neuen Ideen zum Durchbruch zu verhelfen?*

Schauen Sie sich doch mal die Landschaft an. Wenn heute jemand irgendwo als Physiker arbeitet, dann hat er ein spezielles Gebiet. Oder er wird als Programmierer eingesetzt, oder er repariert Computer, oder er beschäftigt sich mit Internet, der andere baut Laser usw. Jeder hat so sein Spezialgebiet und 99 Prozent der Kollegen wären gar nicht in der Lage, die ganze Problematik zu erfassen, die ja von interdisziplinärer Natur ist. Man muß ja auch wissen, was ist eine DNA, wie ist die DNA aufgebaut, wie funktioniert die Biochemie? Man muß nicht nur die Physik beherrschen, und zwar sehr gut beherrschen, sondern man muß sich auch in den biologischen Phänomenen auskennen. Man darf gar keine Fachdisziplin in den Vordergrund stellen, sondern man muß die Fragestellung in den Vordergrund rücken. Es ist von dieser Seite her gar nicht möglich, daß ein Physiker aufsteht und sagt, ich weiß, der hat recht. Der kann das gar nicht beurteilen. Und selbst wenn noch so viel Sympathie für solche Ideen vorhanden ist, er wird stets in Argumentationsnot sein. Damit will ich nicht sagen, daß diese Physiker alle dumm sind, sondern sie sind spezialisiert, sie kennen sich auf ihren Gebieten möglicherweise hervorragend aus, aber sie haben gar nicht die Möglichkeit, nicht die Zeit, nicht die Ausbildung, um solche Fragen wirklich verantwortungsvoll zu beurteilen. Und die wenigen, die das tun oder glauben, es tun zu müssen, sind wirklich echte Scharlatane. Ich kenne einige von diesen Experten, die sich hinstellen und sagen, sie beherrschen das ganze Gebiet. Wenn man sie aber nach Einzelheiten fragt, dann stehen sie da und wissen nichts, oder geben Antworten, über die kann man nur den Kopf schütteln. Das ist eine Art von Negativauslese in der Beurteilung eines Phänomens, die automatisch zustande kommt. Diejenigen, die am wenigsten in der Lage sind, es zu beurteilen, die reißen den Mund am weitesten auf.

*Sie haben dann im Zusammenhang mit Ihrer Untersuchung von Tumorzellen und der biophotonischen Strahlung auch eine Theorie der Krebsentstehung oder des Krebses aufgestellt, und an einer Stelle in Ihrem Buch habe ich gelesen, vom Krebs leben ja mehr Leute als Menschen daran sterben. Eine kleine Spitze gegen die überkommene traditionelle Krebsforschung, die sich tunnelartig auf ein Bild dieser Krankheit fixiert und über den Tellerrand nicht hinausschauen will. Das hat es für Sie sehr schwierig gemacht, im Bereich der Krebsforschung weitere Mittel für die Biophotonik zu akquirieren. Was unterscheidet Ihre Theorie von Krebs von der herkömmlichen, und was führte dazu, daß Ihre Hypothesen bisher so wenig ernstgenommen worden sind in der Krebsforschung?*

Das war ja der Dreh- und Angelpunkt und der Anfang der ganzen Geschichte: daß mir klar wurde – nachdem ich mich einige Jahre intensiv mit den herkömmlichen Anschauungen der Krebstheorie beschäftigt hatte – diese Denkweise, dieser Denkansatz ist falsch. Der Denkansatz beginnt falsch zu werden von dem Punkt an, an dem ich von einer Tumorzelle spreche. *Die* Tumorzelle gibt es nicht. Das ist genauso falsch, wie wenn ich sage, jemand ist asozial. Er kann sich in der einen Situation sozial, in einer anderen asozial verhalten. Das hängt nicht von ihm als Person allein ab, sondern es hängt von seiner Wechselwirkung mit der Umgebung ab. Das ist der entscheidende Ansatz. Aber wenn Sie sich die Tumorforschung ansehen bis heute – es erscheinen ja monatlich hunderte von neuen Arbeiten und Aufsätzen darüber –, wird immer so getan, als ob die Eigenschaft, Krebs zu erzeugen oder Krebs zu sein, eine Individualeigenschaft der Zelle sei. Das kann natürlich soweit kommen mit dem Fortschritt einer Erkrankung, aber das A und O des Problems beginnt mit der Fragestellung; muß da beginnen: Gibt es überhaupt eine Eigenschaft in einem Individuum, sich als sozial oder nichtsozial zu verhalten, ohne daß ich die Wechselwirkungen mit der Umgebung berücksichtige. Ein Beispiel: Während meiner Doktorarbeit habe ich Unterricht in der Schule gegeben; da war einer in der Klasse, der war in der ganzen Schule verschrieen, man sagte, das ist der Schlimmste, mit dem kommt niemand aus usw., der muß von der Schule entfernt werden. Ich wurde vor ihm gewarnt, und gerade aufgrund meines Denkansatzes, weil ich mir klar war, diese Eigenschaften sind nicht in der Persönlichkeit allein verankert, sondern sie hängen von der Wechselwirkung mit der Umgebung ab, habe ich ihn ganz anders behandelt, als er normalerweise behandelt wurde. Ich habe ihm Verantwortung übertragen, habe gesagt, er soll die Versuche vorbereiten usw. Am Anfang war er sehr unwillig, aber später ist er hineingewachsen in diese Aufgabe, er hat sich gerade gegenteilig verhalten, als es normalerweise von ihm gesagt wurde. Ähnlich ist es auch in einem Gewebeverband. Ich habe manchmal den Eindruck, wenn man nach Krebseigenschaften fragt, dann ist das physikalisch betrachtet so, als würde man fragen, welche Temperatur ist jetzt in diesem Raum, und finge dann die einzelnen Moleküle ein und legte sie unters Mikroskop. So wird man nie herausfinden, wie hoch die Temperatur ist. Oder in einer Bevölkerung kann man nicht dadurch, daß man Frauen biochemisch untersucht, herausfinden, wieviele Kinder auf die Welt kommen werden. Das sind

Eigenschaften, die sich in den Wechselwirkungen mit den anderen Individuen zeigen. Das gilt auch für die Frage des Wachstums von Zellverbänden und die Wachstumsregulation.

Und da bin ich wieder bei Alexander Gurwitsch, diesem genialen Denker, der eben z. B. in Lichtwechselwirkungen die Ursache für eine solche Regulation gesehen hat, und ich folge ihm hier hundertprozentig. Ich glaube, es muß nicht unbedingt nur Licht sein, es können auch andere elektromagnetische Wellen sein, aber die Frage, wer oder was steuert das Wachstum, kann nicht im molekularen Bereich beantwortet werden, nicht dadurch, daß man die Moleküle unters Mikroskop legt und irgendwelche Defekte in den Molekülen erkennt. Sie kann nur beantwortet werden, wenn ich das Gesamtspiel, wenn ich mir das Konzert anhöre und nicht die Musikinstrumente in Teile zerlege. Und die Theorie, die ich dann darauf gebaut habe, ist sehr einfach. Ich sage, solange eine Verständigung im Organismus möglich ist, wird es auch keinen Krebs geben, d. h., Krebs ist immer eine Störung dieser Verständigung zwischen den Zellen, in denen eben das Wachstum genau bestimmt wird. Und die elementare Verständigungsbasis von Lichtwellen ist von der Physik her betrachtet die Kohärenz, also die Fähigkeit, Informationen mit elektromagnetischen Wellen zu übertragen. Krebs ist also eine Kohärenzstörung, die in der Kommunikation über Licht stattfindet. Und diese Kohärenzstörung kann auch meßtechnisch nachgewiesen werden. Wir haben das getan in den letzten Jahren. Es hat sich immer wieder gezeigt im Experiment, daß Tumorzellen eben so reagieren, daß die Kohärenz, die wir messen können, über eine bestimmte Schwelle hinweg gestört wird. Die Kohärenz geht verloren, die Zelle kann nicht mehr mit der anderen kommunizieren, und sobald dieser Kontakt abgeschnitten ist, sobald durch die Hinzunahme einer weiteren Zelle die Kommunikation nicht verbessert, sondern verschlechtert wird, entsteht ein Tumor.

*Das heißt, ohne die über die Lichtinformation stattfindende Zellkommunikation geschieht das Wachstum nicht mehr geordnet, in Absprache mit den Nachbarn, sondern »wild« …*

Die Philosophie geht noch ein bißchen weiter. Das können Sie auch im täglichen Leben sehen. Wenn Sie z. B. eine Gesellschaft betrachten, die sich bildet, einen Verein oder eine Ehe oder was immer, es kommt darauf an, daß durch die Hinzunahme eines neuen Gruppenmitglieds die Informationsfähigkeit, die Informationskapazität des Gesamten nicht vermindert, sondern erhöht wird. Solange das funktioniert, funktioniert auch die Gruppe. Sobald aber durch die Hinzunahme eines neuen Mitglieds die Informationsbasis verschlechtert wird, bricht das Gesamtsystem durch Hinzunahme weiterer Störenfriede auseinander, dann funktioniert es nicht mehr. Das heißt, die Vergesellschaftung erfolgt über den Wert der Informationsfähigkeit im System. Und das ist in einem Organismus das gleiche wie in jeder Gesellschaft. Die Basis dafür ist die Verständigung, die Verständigungsmöglichkeit, die Transparenz, die Möglichkeit, sich zu äußern, Informationsübertragung. Es ist nicht der Zwang, miteinander zu reden, sondern es ist die Fähigkeit, alles zu artikulieren, was man dem anderen mitteilen möchte. Und so ist es auch im Gewebeverband, und die physikalische Basis dafür ist die Kohärenz der Biophotonen bzw. elektromagnetischer Wellen, mit denen dieser Informationsaustausch stattfindet.

*Das heißt, wir haben hier in der üblichen Betrachtung des Krebses wieder jenen detaillistischen Blick, der das Geschehen in immer kleinere Einzelteile zu zerlegen versucht, in der Hoffnung, wenn ich erstmals die kleinsten Einzelbausteine gefunden habe, dann kann ich alles erklären, auch die Krankheit Krebs. Das ist ja das Credo der gesamten Molekularbiologie: Wir müssen nur noch die Gene richtig ausgezählt haben, das dauert noch ein paar Jahre, dann haben wir jeden einzelnen Baustein identifiziert und können das Leben insgesamt erklären. Ist das nicht dasselbe wie der untaugliche Versuch, ein Haus zu bauen aus einem Riesenberg von Einzelbausteinen, ohne daß ein Bauplan, eine Architektur, eine Vorstellung vom Ganzen da ist?*

In der Biologie ist alles miteinander verbunden. Wenn ich sage, wir dürfen nicht die Moleküle zum entscheidenden Kriterium für das

Verständnis machen, dann heißt das nicht, daß die Moleküle unbedeutend sind. Worauf ich hinaus möchte: Wir müssen verstehen, wie in diesem Wechselspiel aus Materie und elektromagnetischem Feld sich etwas aufbaut, dem man die Eigenschaft der Kohärenz zusprechen kann. Das Interesse ist folgendes, und das ist gleichzeitig das Fatale: Je mehr meine Überlegungen stimmen sollten – ich drücke mich mal ganz bewußt im Konjunktiv aus –, um so fester wird der mechanistische Denker bei seinen Experimenten überzeugt davon sein, daß er recht hat, so paradox das klingt. Und zwar aus folgendem Grund: Wenn diese Eigenschaft der Kohärenz die entscheidende Eigenschaft ist, dann heißt das gleichzeitig, daß jedes Teilchen über dieses Feld mit jedem anderen Teilchen in einem solchen Verband verbunden ist. Und jeder, der jetzt nachweisen möchte, daß ein ganz bestimmtes Molekül Krebs auslöst, wird natürlich zum Erfolg kommen, weil er, egal, wo er hineinsticht, immer wieder ein Argument für seine falsche Theorie findet.

*Weil eben alle Moleküle miteinander vernetzt sind...*

Ja. Wenn ich in ein Stimmgabelkonzert hineingehe und nun an einer ganz bestimmten Stimmgabel etwas drehe, dann wird natürlich etwas passieren, ich werde, wenn ich so falsch denke, überzeugt davon sein, das kann jetzt nur die Stimmgabel gewesen sein. Der eine findet Kalzium, der andere findet die DNA, der dritte findet Viren, der vierte Proteine, der fünfte die Membran, und alle glauben, sie seien im Recht. Aber sie sind nur deshalb im Recht, weil eben alle Dinge über solche Wechselwirkungen miteinander verbunden sind und weil letztlich die integrative, integrale Funktion aller Teile darüber bestimmt, ob eine Kommunikationsbasis aufrechterhalten bleibt oder zusammenbricht. Deswegen ist es auch sehr schwer, im Einzelfall zu sagen, der Patient hat den Tumor aus genau dem und dem Grund bekommen. Es gibt nur selten monokausale Ursachen dafür. Da baut sich irgend etwas auf, das beginnt mit irgendeinen Schicksalsschlag und führt dann dazu, daß der Betreffende sich unvernünftig ernährt, und schon gerät er in einen

Circulus vitiosus ... wo ist da die Ursache? Irgendwann konzentriert sich das auf die schwächste Stelle im Organismus, und das System sagt, was soll ich in dieser schrecklichen Welt, es ist ja viel besser, ich gehe zugrunde. Dann entsteht ein geplanter Selbstmord. Und auch aus dieser Sicht, aus dieser ethischen Sicht, ist natürlich die Behandlung heute völlig falsch.

*Man nimmt sich detaillistisch den einzelnen Tumor vor und lasert oder strahlt ihn weg oder bringt ihn mit chemotherapeutischen Medikamenten zum Verschwinden an einer Stelle, d. h., man versucht, die Symptome zu beseitigen. Doch die Ursache der Krankheit liegt ganz woanders, und wenn wir Ihrer Hypothese folgen, dann liegt sie in einer Kommunikationsstörung des organischen Systems, des Zellverbands untereinander, wo kohärente, geordnete Kommunikation nicht stattfinden kann ...*

Kohärent muß nicht geordnet heißen. Geordnet ist etwas anderes als kohärent. Kohärent heißt im Grunde genommen ... schauen Sie, ein Beispiel: Wenn alle Menschen die Nase in eine Richtung halten, dann würde man sagen, sie sind kohärent, oder man würde sagen, sie sind geordnet, und man würde den Schluß daraus ziehen, die wissen etwas voneinander. Aber wichtig ist nicht, daß sie die Nase in eine Richtung halten ... sondern wichtig ist, daß sie etwas voneinander wissen. Und wenn sie etwas voneinander wissen, müssen sie die Nase nicht in eine Richtung halten. Das ist nur eine der Möglichkeiten. So ist es auch mit der Kohärenz. Kohärenz heißt nicht, daß das jetzt geordnete Laserbeams sind, die nur in eine Richtung gehen können. Geordnet heißt, daß die Fähigkeit besteht, in eine Wechselwirkung zu treten, in der jeder Teil mit jedem anderen Teil kommunizieren kann.

*Ein Vogelschwarm wäre kohärent, weil er in eine bestimmte Richtung fliegt und eine bestimmte Form einnimmt und ...*

Muß aber nicht. Und wahrscheinlich kommunizieren die Vögel auch dann, wenn sie nicht in eine Richtung fliegen. Oder sie können es zumindest.

*Was könnte die Biophotonik zur Krebsdiagnostik in Zukunft beitragen, und wie könnten biophotonische Messungen uns auch in der Behandlung der Krebsursachen, die ja nach wie vor rätselhaft sind, selbst wenn wir jetzt allgemein eine Kommunikationsstörung annehmen – wie könnte die Biophotonik da in Zukunft weiterhelfen?*

Wir sind im Moment dabei, Messungen des Lichtfeldes vom Menschen zu machen. Wir haben bisher etwa zweihundert Menschen untersucht, auch Tumorpatienten, und haben – das ist das Negative daran –, selten ein verändertes Lichtfeld gesehen, wenn jemand an einer ganz bestimmten Stelle einen Tumor hat. Also wenn z.B. jemand einen Leberturmor hat, muß ich nicht unbedingt an der Stelle, an der die Leber sitzt, ein verändertes Lichtfeld messen, interessanterweise. Sondern in all den Fällen zeigt sich, daß Asymmetrien da sind und daß die Tumorpatienten ihr Lichtfeld relativ niedrig halten und sehr wenig verändern. Es ist eine gewisse Erstarrung in der Lichtemission eingetreten. Es ist kaum noch eine Ankopplung an biologische Rhythmen zu erkennen. Wir sehen zwar bei gesunden Menschen auch niedrige Werte, aber die verändern sich im Rhythmus äußerer Vorgänge, z.B. Tag/Nacht- oder Monatsrhythmus. Bei Tumorpatienten sind diese Rhythmen stark verlorengegangen. Und ich würde heute aus dieser Sicht glauben, daß eine mögliche Therapie für Tumorpatienten darin besteht, dafür zu sorgen, daß ihr gesamtes Regulationssystem, nicht nur die Stelle, an der der Tumor sitzt, sondern der gesamte Mensch sich irgendwie in natürliche Rhythmen wieder einjustieren, eintunen muß, wie der Engländer oder Amerikaner sagt. Z.B. immer mit Sonnenaufgang zu meditieren, das soll es schon geben und scheint mir recht sinnvoll zu sein, und bei Sonnenuntergang wieder zu meditieren, also eine Ankopplung an die natürlichen Rhythmen zu gewinnen, natürlich in Verbindung mit anderen Maßnahmen. Aber ich würde beispielsweise nicht unbedingt dazu raten, das Gewebe zu zerstören. Vielleicht mit Ausnahme von Operationen. Operationen sind in Ordnung, aber das normale Gewebe, das Bindegewebe sollte geschont bleiben. Das kann man beispielsweise erkennen an den vielen Spontanheilungen, die es gibt. Vielleicht noch die Bemerkung: Man sollte in Richtungen denken wie: die Spontanheilungen zu verbessern, die Ursachen für Spontanheilungen herauszufinden, den gesamten Organismus einschließlich natürlich seiner psychischen Situation zu betreuen, möglichst wenig zu schaden. Dem Patienten wirklich die Möglichkeit zu geben, geheilt zu werden, und nicht aus dem Wunsch heraus, das Leben für eine ganz bestimmte Frist zu verlängern, möglicherweise diese Chance zunichte zu machen. Das scheint mir das Wichtigste zu sein. Wobei der Einzelne vielleicht auch die Chance haben sollte, selbst darüber zu entscheiden, ob er sich lieber mit Chemikalien behandeln läßt, und damit eine gewisse Garantie bekommt, noch eine bestimmte Zeit zu leben, aber möglicherweise dadurch eben die Chance verliert, überhaupt geheilt zu werden. Oder ob er das Risiko auf sich nehmen will, auf Strahlentherapie und/oder Chemotherapie zu verzichten und mit alternativen komplementären Methoden möglicherweise eine größere Heilungschance zu bekommen.

*Könnte die Biophotonik für Krankheiten wie Krebs, aber auch andere, Aufschluß darüber geben, wo beispielsweise das Immunsystem geschwächt ist und es schwierig ist, für den Patienten die richtige Arznei zu finden ... – daß da eben durch die Messungen der Lichtintensität vielleicht nicht das Arzneimittel, aber Tendenzen erkannt werden können, welche Therapieform dem Patienten am besten hilft?*

Ja. Ich denke, daß hier eine Zukunftsaussicht besteht. Ich darf darauf hinweisen, daß ja heute bereits in der Diagnostik Methoden eingesetzt werden, die von uns überhaupt erst erkannt wurden, nämlich, daß das Gewebe belichtet wird und man aus der erhöhten Lichtintensität der reflektierten Lichtsignale heute bereits recht erfolgreich Tumoren im Inneren des Organismus diagnostizieren kann. Wir waren die Ersten, die diesen Effekt erkannt und auch publiziert haben.

*Der Terminus dafür ist verzögerte Lumineszenz.*

Delayed Luminescence. Man kann die Technik in eine relativ schadlose Diagnose umsetzen. Und wenn man eine nichtinvasive Diagnose hat, ist es nicht sehr schwer, auch eine gute Therapie zu finden. Wenn man den Patienten zum Beispiel durch Biophotonen-Messung immer wieder beobachten kann, ohne daß man ihm schadet, hat man die Möglichkeit, Therapieverläufe zu verfolgen. Das kann man ja heute leider nicht, weil die einzige Möglichkeit darin besteht, daß man eben z. B. durch Röntgenstrahlung oder durch invasive Methoden dem Patienten schaden muß, um zu erkennen, wie sein Tumor weiterwächst. Und auf lange Sicht ist das keine Methode.

*Könnte man sich vorstellen, daß, wenn wir das Frequenzgeschehen im Zellverband im Körper letztlich entschlüsselt haben, wenn wir also das Alphabet oder die Sprache der Frequenzen kennen, mit der die Zellen untereinander kommunizieren, was ja jetzt erst ansatzweise geschehen ist – könnten dann Biophotonen-Messungen in 50, 100 Jahren einen ähnlichen Schritt bedeuten, wie vor hundert Jahren eben Röntgens Methode der Diagnose?*

Das ist jetzt natürlich sehr spekulativ, was ich sage, ich kann nur aus unseren bisherigen Erfahrungen Schlüsse ziehen. Wir haben die technischen Möglichkeiten, die es gibt, bei weitem noch nicht alle genutzt. Das ist auch sehr schwer. Wir sind selbst gar nicht in der Lage dazu, aber wenn ich mal die Mission artikulieren kann: Ich glaube, daß z. B. die Beobachtung der Änderung der Frequenzen, durch eine Ganzkörperanalyse des gesamten Lichtspektrums aus dem Organismus vielleicht auch noch Infrarot miteinbezogen, Mikrowellen usw., die technische Analyse einer solchen Emission die Zukunft der medizinischen Diagnostik überhaupt ist. Man wird aus solchen Bildern vielleicht in 50, 100 Jahren letztlich all das erkennen können, was man wissen will.

*Ein Biophotonen-Scanner sozusagen, wie man das heute nennt, der völlig ungefährlich im Unterschied zu Röntgenstrahlen ein Bild aufnimmt und uns sehr genaue Auskunft geben kann über den lebensnahen oder lebensfernen Zustand der jeweiligen …*

Ja. Ich habe mit Japanern darüber gesprochen, die ja jährlich an die hundert Millionen US-Dollar in diese Entwicklung stecken. Ein japanischer Kollege hat mir gesagt, daß man darüber nachdenkt, eine Kathode zu entwickeln, die über dem gesamten Menschen liegt und damit also eine Momentaufnahme oder auch Zeitaufnahme des Lichtfeldes machen kann. Das ist furchtbar teuer, sowas kostet heute an die 30 Millionen Mark. Aber am Anfang war alles teuer. Und wenn man dann, nehmen wir mal an, mit einem solchen Gerät am Tag 50 Menschen diagnostizieren kann, dann macht sich das auf die Dauer bezahlt.

*Sie haben mit den Biophotonen-Messungen auch Forschungen zur Wirkungsweise der Homöopathie und zur Wirkung homöopathischer Präparate gemacht. Die Homöopathie hat ja unbestritten große Heilerfolge. Umstritten ist nach wie vor nur, wie diese Heilerfolge zustande kommen, ob es eine nachzuweisende Wirkung dieser Verschüttelungen der homöopathischen Arzneien gibt oder ob das Ganze auf einer Selbstheilung, dem Glauben des Patienten, also nur auf dem berühmten Placeboeffekt beruht. Sie haben dazu Forschungen begonnen, dann aber wieder aufgegeben nach einer gewissen Zeit, weil Sie sich da auch zwischen beide Stühle sozusagen gesetzt haben und es keinem wirklich recht machen konnten … weder den Schulmedizinern, die sagen, die Homöopathie sei Mumpitz, noch den Homöopathen, die meinen, sie sei das einzig Wahre.*

Ich habe diese Forschungen nicht aufgegeben, weil ich unter Druck geraten bin. Es ist richtig, daß ich wegen der Homöopathie die Universität Kaiserslautern verlassen mußte. Ich erhielt Vorlesungsverbot, weil ich einen Forschungsauftrag über Homöopathie angenommen hatte. Und ich habe den Ärger der Homöopathen heraufbeschworen, weil diese Forschung zu keinem Ergebnis führte.

*Welche Experimente haben Sie in diesem Zusammenhang gemacht?*

Ich habe Pflanzen vergiftet und diese Pflanzen dann mit einem homöopathischen Präparat aus demselben Giftstoff behandelt und wollte die Unterschiede sehen zwischen den behandelten und den unbehandelten oder den mit Placebo behandelten Pflanzen. Und mit meiner Methode sah ich Unterschiede nur bis zur D6, vielleicht bis zur D12, aber auf keinen Fall bis in den Bereich der Hochpotenzen, von wo aus die ganze Geschichte erst interessant geworden wäre. Und zu meinem Unglück nahmen die Effekte auch mit höherer Potenz ab, anstatt zuzunehmen, und ich wußte einfach nicht mehr, wie komme ich weiter. Ich sah auch ehrlich gesagt überhaupt keine Möglichkeit, mit unseren Methoden einen Beweis zu führen. Ich habe aber – das muß ich dazu sagen – mich nie dazu durchringen können, zu sagen, die Homöopathie kann nicht wirken. Innerlich habe ich irgendwie das Gefühl, daß da was dran ist, habe auch Vorstellungen dazu. Ich weiß nicht, ob Ihnen bekannt ist, daß ich 1978 vom Bundesgesundheitsamt aufgefordert wurde, ein Gutachten zu schreiben. Ich habe damals in diesem Gutachten bereits argumentiert: wir haben zwar keinen Beweis für die Wirksamkeit der Homöopathie, wir haben aber auch keinen Beweis dafür, daß sie unwirksam sein muß. Man muß dieser Frage offen gegenüberstehen, auch wenn man zunächst glaubt, das sei unmöglich. Aber warum ist das unmöglich? Es ist unmöglich im Rahmen eines chemischen Modells – in den homöopathischen Arzneien sind sicher keine Moleküle mehr enthalten. Es wäre auch Unsinn, wenn man sagen würde, Verunreinigungen sind immer da, da müßte auch das Leitungswasser homöopathische Substanz sein. Oder der Rhein, der von der chemischen Industrie ständig mit einer Urtinktur versorgt wird [lacht], der müßte dann in Antwerpen ein hervorragendes Homöopathikum sein. Ich halte es aber deshalb für möglich, weil Hahnemann mit seinen beiden Prinzipien, nämlich dem Simileprinzip und dem Potenzierungsprinzip, letztlich etwas bringt, was von der Physik her sehr gut verständlich ist, nämlich das Resonanzprinzip. Die Resonanz ist nichts anderes, als daß Sie eine Ähnlichkeit hervorrufen. Sie müssen beispielsweise, wenn Sie eine Stimmgabel anschlagen und von der Stimmgabel die Energie wegnehmen wollen, die gleiche Stimmgabel in Resonanz bringen und die zweite Stimmgabel, mit der Sie die Energie entziehen, darf selbst nicht schwingen. Das sind genau die gleichen Prinzipien, auf die Hahnemann gekommen ist. Und es gibt in der Biologie tatsächlich einen Effekt. Ich habe vorhin von diesem Fotorepair gesprochen. Das ist genau das. Beim Fotorepair schädigen Sie mit UV-Strahlung, bei 380 Nanometern meinetwegen, und die heilende Wirkung kommt durch die gleiche Strahlung zustande, nur in sehr niedriger Dosis. Sie haben also hier etwas in der Biologie, das genau diesen Regeln folgt. Ich kann mir vorstellen, daß das eine grundlegende Bedeutung in der Biologie hat, und ich habe auch Vorstellungen als Physiker, wie so etwas wirken könnte. Es ist zwar sehr, sehr vage, ich habe keinen Beweis dafür. Nehmen wir mal an, ich schüttele Wasser. Durch das Verschütteln verändere ich das Wasser. Das ist nicht das gleiche, als wenn es unverschüttelt ist. Gut, der Physiker sagt, nach 10 hoch minus 9 Sekunden sind die beiden wieder gleich, weil die Verschüttelung dann ausgedämpft ist. Das stimmt nur bedingt. Es kann sein, daß Mikrooszillationen übrig bleiben im Wasser, die, wie man sagt, kohärente Zustände sind, die nicht nach dem Exponentialgesetz abfallen, sondern nach einem hyperbolischen Gesetz, d.h., sie bleiben über lange Zeit unter Umständen erhalten. Solche kohärenten Zustände in Wasser sind zum Beispiel Solitonen. Man kann sich vorstellen, wenn man das beliebig oft macht, daß man also solche Verschüttelungen mit dem Arzneimittel moduliert und daß das genau die gleiche Wirkung hat wie eine Stimmgabel, die jetzt in den Organismus hineingebracht wird, in der bereits das Gift mit hoher Oszillation schwingt. Dann wird diese Energie entzogen. Das ist vorstellbar. Und natürlich wird das ein Chemiker oder Biochemiker nie akzeptieren, weil für ihn diese Vorstellung völlig fremd ist. Sie ist fremd, aber sie ist deshalb nicht falsch. Und wir müssen an solche Möglichkeiten denken. Ich glaube auch nicht, daß alle Homöopathen Spinner sind. Die haben ihre

Erfolge. Und jetzt kommt der entscheidende Punkt für mich: Ich sehe ehrlich gesagt, und damit habe ich bei den Homöopathen natürlich wenig Zustimmung gefunden, keinen Unterschied zwischen dem Placeboeffekt und einer homöopathischen Wirkung. Der Placeboeffekt wird immer als etwas Minderwertiges abgetan. Aber es ist ein Effekt, an den auch die Schulmediziner glauben. Was wäre denn, wenn ich z. B. durch solche Präparate, nach den Regeln von Hahnemann, eine Umstimmung im Organismus herbeiführen könnte, eine Umstimmung im Befinden des Patienten, so daß er plötzlich wegen dieser Resonanzkopplung mit dem Arzneimittel an seine Heilung nicht nur glaubt, sondern überzeugt davon ist? Und ich frage mich sogar, ob das nicht sowieso notwendig ist bei jeder Heilung, diese innere Überzeugung. Und wenn eine solche Überzeugung geschaffen wird, dann sind der Glaube an die Heilung und die Heilung selbst völlig identische Dinge. Also von der Seite her betrachtet, erscheint mir das alles nicht so absurd. Aber es wird durch Ideologien innerhalb der verschiedenen Gruppen versperrt, sowohl bei den Homöopathen als auch bei den Nichthomöopathen darf man über so etwas gar nicht diskutieren. Die haben ihre bestimmten Vorstellungen. Die einen sagen, Placeboeffekte sind minderwertig, haben mit der Arznei überhaupt nichts zu tun. Und die anderen, die Homöopathen, haben Angst davor, daß sie in die Richtung von solchen Effekten gedrängt werden. Dabei können sie froh sein, der Placeboeffekt ist schulwissenschaftlich anerkannt, er müßte eigentlich von der Krankenkasse bezahlt werden.

*Placebo ist die beste und auch die nicht-invasivste, schonendste Methode, wieder gesund zu werden. Es heilt, wie wir wissen, auch die allerschwersten, angeblich unheilbaren Krankheiten.*

Ja, natürlich. Es wird nicht einfach sein, dies zu beweisen, aber ich meine, wenn man das erst mal so gesehen hat und für möglich hält, dann wird man auch in die richtige Richtung marschieren. Statt dessen wird eine Forschungspolitik betrieben, sowohl bei den Nichthomöopathen als auch bei den Homöopathen, die, das kann ich

Ihnen versichern, noch tausend Jahre so fortgesetzt werden kann, ohne Ergebnis. Weil sie in die völlig falsche Richtung geht.

*Sie haben zwar keine »mechanische« Wirkung der Homöopathie nachweisen können, aber was sich doch gezeigt hat, ist, daß das berühmte Gedächtnis des Wassers in gewisser Weise doch existiert. Daß Wasser jenseits von $H_2O$ in der Lage ist, bestimmte Informationen zu transportieren, weiterzutragen, und daß deshalb viele der homöopathischen Vorstellungen, selbst wenn man sie jetzt noch nicht nachweisen kann, durchaus auf dieses »informierte« Wasser zurückzuführen sein könnten?*

Zumindest sehe ich keinen Grund, warum so etwas unmöglich sein sollte. Gedächtnis ist natürlich auch eine Frage der Zeit, in der ein solches Gedächtnis wirksam ist. Wenn ich einen Sensor habe, der völlig unempfindlich ist, oder wenn ich jemand habe, der sein Gedächtnis verloren hat, dann kann ich logischerweise nicht von Gedächtnis reden. Wenn ich aber umgekehrt, nehmen wir mal an, einen Sensor habe, der noch auf Aktivitäten reagiert, die man normalerweise nicht mehr nachweisen kann, dann mißt dieser Sensor eine ganz andere Gedächtniszeit als ein grobes Detektorsystem. Das heißt also, das Gedächtnis ist nicht nur eine Frage des Objekts, das Sie untersuchen, sondern auch eine Frage des Detektors, der ein Urteil über das Objekt abgibt. Wenn ich jetzt also beispielsweise Wasser verschüttele und mir einen Sensor nehme, der diese Mikrovibrationen nicht mehr messen kann, dann ist das Gedächtnis für ihn 10 hoch minus 9 Sekunden. Dann ist Schluß. Wenn aber dieser Sensor noch auf Mikrovibrationen reagiert, z.B. ein biologischer Sensor, der ja wesentlich empfindlicher ist als ein physikalisches Detektorsystem, dann kann dieser biologische Sensor vielleicht noch nach Stunden, nach Wochen, nach Monaten etwas registrieren. Er wird eine ganz andere Gedächtniszeit feststellen als der technische Sensor. Das sind alles Dinge, die nicht berücksichtigt werden bei diesen lapidaren Diskussionen um Gedächtnis. Die einen sagen, Wasser hat ein Gedächtnis, die andern sagen, Wasser hat kein

Gedächtnis. Doch sie wissen gar nicht, daß das davon abhängig ist, was sie unter Gedächtnis verstehen, wie sie es messen.

*Das Beispiel Homöopathie–Schulmedizin, wo Sie es mit der Biophotonik keinem so richtig recht machen konnten, das haben wir ja in einer ähnlichen Variante auch in der Lebensmittelanalyse. Sie haben das Glück gehabt, daß Sie über Biophotonen-Meßapparaturen, die eben herstellbar sind und auch vermarktbar, diese Behinderungen und das Mobbing des Wissenschaftsestablishments umgehen konnten. Ich habe mich, als ich Ihre Geschichte gelesen habe, manchmal an Wilhelm Reich erinnert gefühlt, der ja auch einer biologischen Strahlung auf der Spur war, dann auch, weil man ihn nicht ernstgenommen hat, seine Orgon-Kisten verkaufen mußte, weswegen er dann letztlich ins Gefängnis kam…*

Das letzte fehlt noch bei mir. Aber die mysteriösen Kisten verkaufe ich schon.

*Wilhelm Reich ist dann trotz hoher Reputation und Anerkennung ziemlich elend zugrunde gegangen. Letztlich hat er seine Forschungen nur retten können, weil er versucht hat, sie umzusetzen in Apparaturen, die verkaufbar sind. Ihm hat es nichts genützt. Aber Ihnen hat es am Ende geholfen, so daß Sie jetzt in der Lage sind, für die Lebensmittelanalyse mit der Biophotonik Geräte zu liefern, die etwas können, was die normale Lebensmittelanalyse nicht kann. Doch damit sind Sie auch wieder zwischen zwei Stühlen gelandet, denn Sie konnten es weder den konventionellen Landwirten noch den Biobauern richtig recht machen…*

Ja, es scheint so zu sein, daß eine Polarität in der Gesellschaft aufgetreten ist, in der die Wahrheit in gewisser Weise in der Mitte liegt und man sie trotzdem nicht als einen Kompromiß bezeichnen kann. Auch hier in der Lebensmittelanalytik zeigt sich plötzlich ein ganz neues Fenster der Qualitätseigenschaften, durch das man bisher nicht geschaut hat. Der chemische Analytiker wird Ihnen kaum etwas darüber sagen können, was z.B. die Frische ist, wie der Frischezustand gemessen werden kann. Oder er kann Ihnen kaum etwas dazu sagen, was Keimfähigkeit ist. Keimfähigkeit von Getreide beispielsweise, das ist eines der wichtigsten, elementaren biologischen Eigenschaften überhaupt, ohne die Keimfähigkeit könnten wir nicht existieren. Und die herkömmliche Analytik kann Ihnen dazu überhaupt nichts sagen. Denn wenn ich ein Weizenkorn zermahle, sind die Moleküle nach wie vor die gleichen. Die Analytik wird keine Aussage darüber machen können, was die Keimfähigkeit ist, weil die molekulare Analyse nicht ausreicht, um diese Gesamteigenschaft zu beschreiben. Auf der anderen Seite, der Biobauer orientiert sich zwangsläufig nicht an wissenschaftlichen Erkenntnissen, sondern an seinem Gefühl, an seiner Einstellung zur Natur, die richtig sein kann, die aber auch verfälscht werden kann durch Ideologien. Da werden eher Zauberformeln beschrieben, als daß man an die wirklichen Probleme denkt. Ich weiß z. B. aus unseren Erfahrungen, daß das Problem heute eigentlich gar nicht ist: biologischer Anbau, ja oder nein? Auf das wird es aber reduziert. Das Problem besteht im Grunde genommen darin, daß unsere Äcker, Böden, einfach überdüngt werden, daß die Bauern dazu gezwungen werden, viel zu viel zu produzieren, weil sie das billig machen müssen usw. Und darunter leiden natürlich beide Seiten. Die Probleme entstehen auch dadurch, daß man dann das Ganze zu reduzieren versucht auf besondere Qualitäten von biologisch angebauter Ware, die durch den biologischen Anbau nicht in allen Fällen so erheblich verbessert werden müssen, weil noch viele andere Faktoren dazukommen. Da kommt der Sonneneinfluß dazu, die Bodenbeschaffenheit, die richtige Sortenauswahl an der richtigen Stelle, die Fertigung usw., diese Dinge spielen oft eine wesentlich größere Rolle als die Düngervariante, freilich unter der Voraussetzung, daß man vernünftig düngt. Das heißt also, auch hier erleben Sie die seltsame Situation, daß es nicht erlaubt ist, die richtigen Fragen zu stellen.

*Und die lauten bei einem Lebensmittel?*

Zuerst einmal herauszufinden, was ist überhaupt Qualität? Auf die richtige Spur hat uns da auch jemand gesetzt, der inzwischen verstorben ist, aber ähnlich genial war wie Gurwitsch, nämlich der Quantenphysiker Erwin Schrödinger. Schrödinger hat die richtige Frage gestellt, indem er darauf hingewiesen hat, daß es bei Lebensmittelqualität überhaupt nicht darauf ankommt, daß der Verbraucher mit Energie versorgt wird. Wenn das der Fall wäre, könnte er ja z.B. Nitroglyzerin in Unmengen zu sich nehmen. Sondern es kommt darauf an, daß er richtig informiert wird von der Nahrung, daß seine Ordnung stabilisiert, aufgebaut wird, daß sie erhalten bleibt. Und diese Ordnung, von der Schrödinger spricht, ist zwar bei ihm nicht exakt definiert, aber wir müssen dieser Frage nachgehen. Wir müssen herausfinden, was ist diese Ordnung? Wie gewinnt der Verbraucher Ordnung? In dem Sinne ist natürlich die Lebensmittelqualität von der Frage der medizinischen Versorgung nicht so verschieden, so daß es sich anbietet, von den Fragen der Medizin eben auf die Frage der Lebensmittel zu gehen. Ich habe da ein interessantes Erlebnis gehabt: ich war von einem Max-Planck-Institut für Lebensmittelforschung eingeladen, und dort wurde über die DNA gesprochen und ob die DNA Licht speichern kann, warum nicht usw. Es wurde über alle molekularen Probleme gesprochen. Und als ich dann zu bemerken wagte, daß man mit dieser Methode unter Umständen auch Lebensmittel analysieren könne, da wurde ich gefragt, wie ich überhaupt auf solche idiotischen Themen käme, das würde vielleicht Marktfrauen interessieren, aber keine wissenschaftliche Institution. Soweit ist man heute.

*Sie schreiben an einer Stelle, daß wir uns letztlich von Licht ernähren. Schrödinger sagt, wir nehmen über die Nahrung sozusagen Ordnungszustände auf, mit denen wir die Entropie, also die Unordnung in unserem Körper, ständig bekämpfen. Wir informieren uns mit kosmischer Ordnung, indem wir gesunde Nahrung zu uns nehmen. Das erinnert an die archaische Vorstellung vom Menschen als einem Lichtwesen, und was die Ernährung betrifft, bedeutet es, daß nicht Fragen der Materie, der Kalorien das Entscheidende sind, sondern die der kohärenten Lichtinformationen, die wir aufnehmen. Wenn ich nun ein Lichtwesen bin und wissen will, welche*

*Pflanze, welches Gemüse, welches Ei, welche Nahrung ist für mich optimal, kann ich mir da vorstellen, daß hier um die Ecke in diesem tollen Biolebensmittelsupermarkt in 20 Jahren an der Kasse so ein Gerät steht, an dem mein Salat und mein Gemüse und meine Butter und alles vorbeifährt, und ich kriege jedesmal einen Lichtwert angegeben, der mir sagt, jawohl, das ist ordentlich, das ist eine gesunde Nahrung?*

Also vom Ansatz ist es zunächst sicher richtig, lieber eine objektive Testung der Qualität durchzuführen, als die Qualität über die Düngung der Ware oder Etiketten definieren zu wollen. Weil der Ursprung nicht eine ein-eindeutige Einflußnahme auf die Qualität nimmt. Wie gesagt, das Klima spielt eine Rolle, Sonneneinfluß usw., das kann man nicht daraus erkennen, daß man sagt, das war jetzt Bioanbau oder nicht Bioanbau. Wir haben vor kurzem ein sehr deutliches Beispiel gehabt mit einer Getreidesorte, Dinkel. Da wurde Dinkel aus biologischem Anbau mit Dinkel aus konventionellem Anbau verglichen; aber einerseits in einer Gegend, in der Dinkel hervorragend gedeiht, während die Gegend, in der er biologisch angebaut wurde, völlig ungeeignet war. Und es stellte sich auch tatsächlich heraus, daß der Dinkel aus konventionellem Anbau bei vernünftiger Düngung qualitätsmäßig wesentlich besser war. Das wurde durch verschiedene Verfahren eindeutig belegt, einschließlich der Biophotonik. Und dann nützt es nichts zu sagen, das ist jetzt biologisch angebauter Dinkel. Ich denke, viel besser auch als die Biophotonik wäre, wenn wir unser eigenes Gespür, das wir ja haben, unseren eigenen Appetit, unsere Fähigkeiten, die Nahrung richtig zu beurteilen, wenn wir das wieder verbessern könnten, wenn wir wüßten, was wir brauchen, was wir wollen. Ich habe das gemerkt, als ich in China war. Ich lebte eine Weile in China, da fand ich für kurze Zeit wieder zurück zu meinem ursprünglichen Empfinden. Ich habe also dort gelebt wie der »Herrgott in Frankreich«, kann man sagen, und habe fünf Kilo abgenommen in dieser Zeit. Ich habe das nicht für möglich gehalten. Warum? Weil die Nahrung gesund war und weil ich wußte, was mir gut tut und was mir nicht gut tut. Und es war eine enorme Diversität da. Das Gegenteil passiert Ihnen, wenn Sie in die USA reisen und keine Zeit für Eßkultur haben. Wenn man Zeit hat, geht's einem dort auch besser. Aber diese Art von Eßkultur, die bei uns herrscht, die bringt uns um. Wir leben zwar länger, aber im Grunde genommen leben wir nicht länger, sondern wir werden mitkonserviert. Wir sterben langsamer. Das ist die Situation.

*Das heißt, wir müssen uns, wenn wir jetzt die Lebensmittel untersuchen, ähnlich wie beim Thema Krebs, den Gesamtverband betrachten. Es kommt eben nicht nur darauf an, welcher Bauer hat es angebaut, sondern eben die Gesamtfaktoren einzubeziehen, wieviel Sonne hat es abgekriegt...*

Nein, das ist zwar wichtig für den Hersteller, aber wichtiger wäre es, wenn man wirklich Methoden hätte, mit denen man die Qualität im ganzheitlichen Sinne überprüfen könnte. Deswegen ist eben die Biophotonik in meinen Augen eine Methode der Wahl. Ich kann mir überhaupt nicht vorstellen, daß das später an der Ladenkasse geschieht, sondern ich kann mir eher vorstellen, daß der Erzeuger – und teilweise geschieht das ja heute schon – sich selbst und seine Ware mit solchen Methoden überprüft und optimiert.

*Sie haben mit der Biophotonik eine Methode gefunden, Freilandeier zu unterscheiden von Batterieeiern. Es gibt nach biochemischer Vorstellung ja überhaupt keinen Unterschied, Ei ist Ei, und die biochemischen Zusammensetzungen dieser beiden Sorten Eier, die mögen, wenn die Ernährung der beiden Hühner auch gleich war, gar nicht so...*

Wir haben Beispiele, wo eben alles gleich war. Die Ernährung war gleich, die Hühner waren gleich, mit einer Ausnahme: Die einen konnten rausgehen, wann sie wollten, die anderen wurden im Stall gehalten, das war der einzige Unterschied. Und da zeigten sich dramatische Unterschiede in der Biophotonenemission, und zwar über hundert Prozent. Die Freilandeier hatten doppelt so hohe Speicherwerte wie die Batterieeier. Das heißt also, die hätten dann durchaus doppelt so teuer sein können [lacht].

*D. h., diese Eier sind doppelt so gut oder doppelt so gesund, weil sie die doppelte Menge an geordneten kohärenten Lichtinformationen mit sich bringen.*

Ja. Gut, ich meine, wir sagen jetzt doppelte, das kann auch zehnmal so gut sein. Wir wissen es nicht. Diese starke Veränderung kann ernährungsphysiologisch zu einer dramatischen Verbesserung der Qualität führen. Wir haben keine direkte quantitative Zuordnung, aber ich meine, der Verbraucher spürt das ja auch glücklicherweise, und solange die Menschheit ihre Grundrationalität und ihr Grundgefühl in diesen Situationen nicht verloren hat, kann man sich ja noch darauf verlassen, und kann guten Mutes sein, daß sich das Bessere dann durchsetzt. Letztlich leben wir von diesen Reserven des gesunden Menschenverstandes in der Bevölkerung.

*Ich würde gerne noch einmal auf die Grundlagen der Biophotonik kommen, die quantenphysikalischen und auch die »weltbildlichen«. Wir haben ja zum einen in den alten medizinischen Vorstellungen oder überhaupt in den Vorstellungen vom Menschen schon immer die Idee einer Lebenskraft, die als Brahma oder als Chi auftaucht in den asiatischen Medizinsystemen. Wir haben die Vorstellung der Aura, daß jeder Mensch über eine Aura verfügt; in verschiedenen esoterischen Anschauungen steht das im Zentrum des Interesses. Die Biophotonen scheinen mir so etwas zu sein wie die feststoffliche Materialisierung dieser bisher nur feinstofflich bezeichneten Dinge. Gurwitsch hatte damals noch Probleme, weil die quantenphysikalischen Vorstellungen, wie sie heute da sind, damals erst formuliert wurden. Würden Sie dem zustimmen, daß wir heute mit der Biophotonik eigentlich den materiellen Beweis für diese alten, vitalistischen Lebenskraftvorstellungen führen?*

Also, daß solche Vorstellungen existieren und daß sie dann als Esoterik oder wie auch immer bezeichnet werden, ist natürlich überhaupt kein Argument dafür, daß sie falsch sein müssen. Das ist schon mal von Anfang an zu bedenken. Ich möchte auch als Physiker sagen, wenn solche Vorstellungen schon immer existiert haben, dann ist vermutlich etwas dran. Die Leute haben ja früher auch denken können, und die Denkkapazität hat sich nicht merklich verbessert, sie ist nur etwas ineffektiver geworden, glaube ich. Aber wenn man dann wissenschaftliche Grundlagen für die prinzipielle Richtigkeit solcher Überlegungen findet, dann ist zunächst mal für mich gar nicht so wesentlich, mit wem man sich dann anlegt, sondern entscheidend für mich ist, ob man das auch wirklich belegen kann mit den wissenschaftlichen Methoden, die zur Verfügung stehen. Man hat um so mehr Probleme, wissenschaftliche Beweise zu führen, je weniger lokal die Ereignisse sind, mit denen man sich beschäftigt. Wenn Sie alles an einem Substrat aufhängen können, wenn Sie irgendein Molekül identifizieren können, ein lokales Ereignis mit einem Detektorsystem im positivistischen Sinne, dann ist das überhaupt kein Problem. Die Ergebnisse sind dann zwar richtig und unbestreitbar, aber völlig uninteressant. Aber wie will man nicht-lokale Wechselwirkungen über lokale Ereignisse dokumentieren? Und hier hat die Quantentheorie enorm weitergeholfen, weil die Quantentheorie sich im Grunde genommen genau mit diesem Problem beschäftigt. Die Quantentheorie lokalisiert Felder, lokalisiert Erscheinungen, von denen sie gar nicht weiß, was sie sind. Sie weiß nur, daß ihr diese Erscheinungen, wenn sie ganz bestimmte experimentelle Anordnungen trifft, ganz bestimmte Antworten geben. Das beginnt schon bei dem Begriff Photon. Ich betrachte ein Photon nicht als Teilchen, obwohl es auch von den meisten Quantentheoretikern immer als Teilchen betrachtet wird. Photon ist eigentlich ein Prozeß. Photon ist ein Wechselwirkungsprozeß eines elektromagnetischen Feldes mit einem Detektorsystem in der Art, daß lokal eine bestimmte Energie übertragen wird in einer ganz bestimmten Zeit. Wenn dann das Produkt aus dieser übertragenen Energie, multipliziert mit der Zeit, die notwendig ist, eine ganz bestimmte Grenze, nämlich das Plancksche Wirkungsquantum, überschreitet, dann macht es klick, und dann sagt man, aha, jetzt habe ich ein Photon nachgewiesen. Das ist kein Photon, das ist ein Prozeß. Und was sich dahinter abspielt, ist und bleibt für alle Zeiten nicht erkennbar. Und allein die Einsicht, daß es eben Dinge gibt, die wir grundsätzlich nicht erkennen können, hat zu einer Veränderung unseres Weltbildes geführt, die uns dann auch die Möglichkeit gibt, über biologische Systeme in einem ganz anderen Sinne zu sprechen. Wir sind nicht gezwungen, jetzt im biologischen System jedes einzelne Molekül an der richtigen Stelle zum richtigen Zeitpunkt richtig zuzuordnen, das ist völlig unmöglich. Wir müssen uns vielmehr auf das konzentrieren, was wichtig ist zum Verständnis und was wir auch wirklich verstehen können. Und wichtig muß nicht sein, welche Reaktion im Organismus stattfindet. Die vielen Moleküle, die da ständig herumschwirren und die irgend etwas miteinander machen, sind nicht so entscheidend für das, was geschieht. Wichtig ist herauszufinden, warum geschieht eine Reaktion zu einem ganz bestimmten Zeitpunkt an einer ganz bestimmten Stelle. Darauf gibt uns die Biochemie keine Antwort. Drauf kann uns aber die Quantentheorie eine Antwort geben. Sie kann uns auch eine Antwort geben auf die Frage, warum laufen wir nicht als Molekülhaufen durch die Tür? Wenn ich durch die Tür gehe, bin ich kein Nebel aus Molekülen, sondern ich bin eine Ganzheit, ich fühle mich als eine Ganzheit, die kompakt zusammen ist und bei der mein Fußzeh genauso wichtig ist wie mein rechtes Ohr. Die beiden gehören in diesem Zustand zusammen. Wie entsteht dieses Gefühl der Ganzheitlichkeit? Das kann ich nicht dadurch beantworten, daß ich sage, in jeder Zelle ist eine DNA, und da ist eine RNA, und da entstehen Enzyme usw., das kann ich nur beantworten über die »Felder«, die das Ganze zusammenhalten, die irgendwie dahinterstehen, hinter dem, was wir messen. Und das, was dahintersteht, ist ein komplexes Feld mit einer Unmenge von Informationen, die wir uns überhaupt nicht vorstellen können. Und dieses Gefühl der Ganzheitlichkeit, das entsteht nicht aus dem Ereignis des Wissens, sondern es entsteht eben aus diesem Feld der vielen Möglichkeiten, die sich dahinter verbergen. D.h., es ist ein Potentialfeld, das uns zusammenhält. Die Erwartung, daß irgend etwas geschehen könnte, verbindet all diese Teilchen in diesem engen Informationsfeld, wie ein Leim, der das Ganze nicht auseinanderfallen läßt. Das sind Vakuumkräfte, Kräfte, die dadurch entstehen, daß hier unendlich viele Möglichkeiten so miteinander verzahnt werden, daß sie das Gefühl eines ganzheitlichen Bewußtseins ergeben. Das ist nicht das Wissen über etwas, sondern es ist das gemeinsame Unwissen, das die Dinge zu dem zusammenbringt, was wir Bewußtsein nennen. Das ist für das Verständnis von Leben von grundlegender Bedeutung. Das steht auch im Mittelpunkt unseres Erfahrungsschatzes.

*Der Frage, die Schrödinger gestellt hat – »Was ist Leben?« – sind wir ja auch in den 70er Jahren ein Stück nähergekommen. Sie hatten Gelegenheit, mit dem Nobelpreisträger Ilya Prigogine zu diskutieren – und dieser hat uns ja eigentlich ein Modell geliefert dafür, wie Systeme funktionieren, die einerseits als ganze Systeme zusammenwirken, andererseits aber offen sein müssen nach außen und gleichzeitig in der Lage, ständig auf der Kippe zu stehen. Und daß dieses Auf-der-Kippe-Stehen eigentlich der ganz entscheidende Punkt ist, an dem sich die wichtigsten Ereignisse abspielen und wo vielleicht auch Bewußtsein erst entsteht.*

Prigogine hat für nichtlebende Systeme zunächst mal – und das ist eine herausragende Erkenntnis gewesen, die fast die Bedeutung hat wie die Entdeckung Amerikas – erkannt, daß es außerhalb des thermischen Gleichgewichts stabile, sich gewissermaßen selbst stabilisierende Strukturen gibt. Das hat man vor Prigogine gar nicht für möglich gehalten, weil man gesagt hat, wenn etwas erwärmt wird, dann wird es immer formloser und chaotischer, und hier zeigt sich plötzlich, wenn ich Energie zuführe, dann treten plötzlich völlig neue Strukturen auf.

*Ordnungen, geordnete Strukturen …*

Ordnungen, er hat sie dissipative Strukturen genannt, später hat er dann auch kohärente Strukturen dazu gesagt. Das war ein wichtiger Gedankenschritt in der Naturwissenschaft, weil man plötzlich erkannte, daß es eben außerhalb des thermischen Gleichgewichts Systeme gibt, die sich stabilisieren können. Heute, lange Zeit nach dieser Entdeckung von Prigogine, geht das sogar so weit, daß man auch versteht, was »weit weg vom thermischen Gleichgewicht« bedeutet. Weit weg vom thermischen Gleichgewicht kann auch heißen: ganz nahe am thermischen Gleichgewicht und trotzdem weit weg. Das heißt, es müssen keine dramatischen Temperaturänderungen auftreten, sondern in unmittelbarer Nachbarschaft der herkömmlichen Temperaturen können Zustände entstehen, die sich weit weg vom thermischen Gleichgewicht befinden, weil sie autokatalytische Funktionen haben, weil sie kooperativ miteinander in Wechselwirkung treten. Und biologische Systeme scheinen ganz besondere Systeme zu sein, die aus meiner Sicht, ich denke da etwas darwinistisch, als einzige, per definitionem wohlgemerkt, aber darin unterscheide ich mich von Darwin, per definitionem als einzige es geschafft haben, sich physikalisch in der Nähe des thermischen Gleichgewichts, weit weg autokatalytisch zu organisieren und dabei scheinbar, aber nicht wirklich, gegen den zweiten Satz der Wärmelehre, Negentropie, d.h. Ordnung, zu kumulieren. Das ist jetzt zunächst mal die Definition. Und man kann jetzt fragen, warum schaffen die das überhaupt? Was ist die Ursache dafür?

*Eigentlich geht so etwas doch gar nicht, es stellt die Physik, den berühmten zweiten Hauptsatz der Thermodynamik, auf den Kopf?*

Der zweite Hauptsatz wird dabei überhaupt nicht verletzt. Der zweite Hauptsatz gilt ja nur für abgeschlossene Systeme. Und ein biologisches System – allein schon aus diesem Grunde – kann nicht abgeschlossen sein.

Doch jetzt kommt die entscheidende Frage: Wie kann man das physikalisch erklären? Und meine Antwort ist eine sehr profane Antwort, die auch noch nicht in letzter Konsequenz durchdacht worden ist. Aber ich weiß, der Weg führt nur über diese Antwort: Wir haben eine extrem hohe Informationsdichte in der DNA. Die

DNA hat eine um milliardenfach höhere Informationsdichte, als das technisch heute überhaupt möglich scheint. Wir verfügen lediglich über ein Volumen von 10 hoch minus 9 Kubikzentimeter pro Zelle. In diesem Volumen haben Sie ein Molekül, das ist zwei Meter lang. Das wird dort auf raffinierteste Weise aufgeknäult, und über diese zwei Meter haben Sie 10 hoch 10 Basenpaare. Für den gesamten Menschen, wenn Sie das auf einen Faden aneinanderreihen, kommt dabei eine Strecke von 10 hoch 13 Metern heraus, das entspricht dem Durchmesser unseres Planetensystems. Und dieser, auch von der molekularen Seite her, ungewöhnliche Aufwand, diese extreme Informationsdichte, führt auch physikalisch zu einem Phänomen, das man in der täglichen Physik nicht kennt und auch in der Technik nicht; dieses Phänomen heißt Bosekondensation. Photonen werden dort, wie in einer Falle, einer Kühlfalle, regelrecht kondensiert und eingefroren. Sie haben einen völlig neuen Aggregatzustand, der von der Technik her nicht bekannt ist. Und in diesem Aggregatzustand läßt sich also das Licht regelrecht einfrieren, speichern, wie in einer Kühlfalle aufsaugen. Und das sorgt für diese elementare Stabilität.

*Sie haben die DNA eben als dieses endlos lange Molekül beschrieben, so daß jeder Mensch oder die Kette des Seins letztlich aus einer endlos großen Schlange besteht. Doch die menschliche DNA ist inaktiv zu 97, 98 Prozent ... eigentlich also überflüssig. Die Evolution neigt aber zur Effizienz, wie wir wissen, und es ist sehr unwahrscheinlich, daß so ein Molekül sich über die Milliarden Jahre der Entwicklung des Lebens gehalten hat, entwickelt hat, ausgebildet hat in solcher Länge, ohne einen besonderen Grund. Ihre Hypothese dazu ist, daß die DNA eigentlich eine Lichtpumpe, ein Lichtspeicher ist, die dazu dient, eben das Informationssystem – und nicht nur den genetischen Bauplan sozusagen, der da einmal abgelegt ist – aufrechtzuerhalten.*

Zum Beispiel über die Lichtkoppelungen den einzelnen Molekülen im Zellverband mitzuteilen, an welcher Stelle zu welchem Zeitpunkt sie aktiv werden müssen. Die Frage der Organisation wird von dieser Informationsdichte aus überhaupt beantwortbar. Das heißt: Diese 98 Prozent spielen eben die Rolle einer Organisationseinheit. Es gibt ja immer mehr Molekularbiologen, die das auch glauben, die aber dann sagen, na gut, das sind die Bürokraten in der Zelle.

*Es gibt Hypothesen, die postulieren, daß Morphogenese, die Formbildung, über eine Fernwirkung stattfindet. Die Biophotonen sind ja nun das Gegenteil von Fernwirkung, sie sind ultraschwach und kurz und sozusagen für die Nähe gedacht. Glauben Sie, wenn wir das Biophotonenfeld – so wie wir es hier dargestellt haben in seinen Details – auch in seinen ganzen Frequenzdialekten gefunden haben, daß wir dann keine weiteren physikalischen oder nichtphysikalischen Felder mehr brauchen, daß wir dann sozusagen die Lebensphänomene insgesamt in der Lage sind zu erklären? Die Frage der Formbildung, so wie sie jetzt der klassische Neodarwinismus uns präsentiert, ist ja sehr unbefriedigend, wenn uns gesagt wird, ja, da gibt's die DNA, das ist der genetische Bauplan. Doch die DNA in meinem Knie ist ja identisch mit der in meiner Nase, und trotzdem wächst die Nase ganz anders als das Knie. Woher weiß die Zelle im Knie, was ein Knie ist. Diese Fragen kann uns ja die klassische Lehre im Moment noch nicht beantworten. Glauben Sie, daß wir über das Biophotonenfeld hinaus noch weitere Felder brauchen, wie es zum Beispiel Rupert Sheldrake sagt, der meint, jede Spezies baut ein Feld auf, das sich nichtlokal überträgt?*

Es ist sehr schwer, da endgültige Aussagen zu machen. Also anfänglich dachte ich, elektromagnetische Felder müßten eigentlich ausreichen, weil wir die Möglichkeiten, die wir damit haben, noch bei weitem nicht ausgeschöpft haben und gar nicht wissen, was es da noch für Möglichkeiten gibt. Es ist sehr schwer, die Möglichkeiten elektromagnetischer Felder auch für biologische Organisationen aus der heutigen Sicht überhaupt vollständig zu verstehen. Aber trotzdem neige ich mehr und mehr dazu, auch Sheldrakes und ähnlichen Überlegungen mehr Raum zu geben, und zwar aus folgendem Grund: Es gibt auch in der Quantentheorie Wechselwirkungen, die von großer Bedeutung sind und die in die Richtung weisen wie Sheldrakes Theorie. Ich denke hier z. B. an Austauschwechselwirkungen oder an Casimirkräfte. Casimirkräfte sind in letzter Konsequenz nichtelektromagnetischer Art. Casimirkräfte sind einfach Kräfte, die dadurch entstehen, daß ein Teil des Phasenraums abgeschnitten wird. Es muß keine elektrische Kraft im eigentlichen Sinne sein. Ähnlich kann man sich auch Austauschkräfte vorstellen, die einfach dadurch zustande kommen, daß die Teilchen identisch sind. Das führt zu einer sehr interessanten Vorstellung. Wenn zwei identische Teilchen, ohne daß sie es merken, miteinander vertauscht werden, wissen Sie natürlich nicht, daß sie vertauscht sind. Es gibt keine Information darüber; wenn Zwillinge völlig identisch sind, dann können sie, wenn Sie nicht hingucken, ihre Plätze vertauschen, und Sie haben keine Möglichkeit herauszufinden, ob sie es getan haben oder nicht. Diese Vertauschbarkeit führt zu einem neuen Zustand, der aber vom alten Zustand nicht unterscheidbar ist. Dadurch entstehen Wechselwirkungskräfte, die auch wirklich nachweisbar sind; diese Kräfte treten auf, ihre Ursache ist nicht irgendwie eine elektrische Kraft, sondern einfach nur die Ununterscheidbarkeit identischer Teilchen, es sind sozusagen statistische Kräfte. Das hat zu der absurden Situation geführt, daß Demokritos, der die Welt in immer kleinere Teilchen geteilt hatte und letztlich gezwungen war, sie als identische subatomare Einheiten anzusehen, die nicht mehr unterscheidbar sind, also so daß wir zum gleichen Zeitpunkt denken müssen, daß jedes dieser Teilchen zu jedem Augenblick in der Welt mit jedem anderen Teilchen seine Plätze tauscht, einen intelligenten, logischen Zusammenhang hergestellt hat, der letztlich alles mit allem verbindet. Er hat also genau das Gegenteil von dem erreicht, was er wollte. Heute müssen wir von einem universalen globalen intelligenten Netzwerk von Wechselwirkungen ausgehen, das alle Teilchen mit allen zu jedem Zeitpunkt verbindet. Und diese Kräfte sind vorhanden. Sie spielen meiner Meinung nach auch in einem Organismus bei der extrem hohen Informationsdichte eine ganz entscheidende Rolle.

*Gerade in der vorigen Woche berichtete der New Scientist in seiner Titelgeschichte, daß die Unschärferelation jetzt mittlerweile nicht widerlegt, aber überflüssig geworden ist, wenn man die Quantenverwickeltheit berücksichtigt. Also die Tatsache, die Einstein damals so verrückt gemacht hat, daß diese beiden Teilchen, die man in die entgegengesetzte Richtung schickt, dennoch in Verbindung bleiben, auch wenn sie nicht in der Lage sind zu kommunizieren – es sei denn in Überlichtgeschwindigkeit. Einen Schritt weiter gedacht, führt uns das dahin, daß wir quantenphysikalisch gar nichts anderes annehmen können als eine Ganzheit. Das Interessante ist jetzt, daß wir bei den Biophotonen letztlich ja auch diesen Doppelzustand, das Teilchen-Welle-Paradoxon haben, d. h. daß etwas durchaus lokalisierbar, also als Individuum, hier an einem Ort, vorstellbar ist, aber gleichzeitig auch als eine Ganzheit, also eine Frequenz oder Welle, die über den ganzen Organismus verbreitet ist.*

Man spricht hier von gequetschten Zuständen, von nicht klassischen Zuständen. Und es ist sicher hochinteressant, daß man heute weiß, was man zu der Zeit, als ich angefangen habe, noch nicht wußte, daß nämlich solche gequetschten Zustände nur dann auftreten können, wenn die Lichtintensität äußerst schwach ist. Wenn wir also in eben diesem Bereich sind, in dem Lebewesen Licht emittieren. Wäre die Intensität höher, ginge das nicht: und erst von solchen schwachen Lichtintensitäten an, von etwa hundert Quanten im Feld, treten solche Phänomene auf. Die Unschärferelation wird nicht ungültig, sondern sie wird flexibler. Sie müssen Orts- und Unschärfe nicht mehr festhalten, sondern Sie können die Ortsunschärfe auf Kosten der Frequenzunschärfe und umgekehrt variieren. Sie haben dann plötzlich die Möglichkeit, das Feld auf einen Punkt zu lokalisieren, also ein einzelnes Molekül zu treffen mit dem Photon, oder aber das System als Ganzes mit diesem Photon zu erfassen. Dazu brauchen Sie allerdings ein breites Frequenzspektrum, und das ist auch wahrscheinlich der Grund, daß wir im Biophotonenspektrum ein sehr breites Frequenzspektrum haben, nicht monochromatische Wellen wie beim Laser. Ein breites Frequenzspektrum kann in diesem

Bereich dazu führen, daß Sie lokalisieren können und daß Sie delokalisieren können, daß Sie wie mit einer Ziehharmonika die Teile zusammenführen oder auseinanderziehen.

*Es scheint ja in Ihrem Fall wieder einmal so zu sein, daß der Prophet im eigenen Land nichts Rechtes gilt, während Ihre Arbeiten mittlerweile in China und anderen Ländern und damit weit weg vom Schuß sehr ernstgenommen und mit viel Geld gefördert werden. Wie ist der aktuelle Stand der Biophotonenforschung heute, was passiert im Moment im Ausland, was geschieht hier, und womit können wir in naher Zukunft rechnen?*

Im Moment gibt es etwa vierzig Arbeitsgruppen weltweit, die sich mit Biophotonen beschäftigen. Die Literatur auf diesem Gebiet steigt exponentiell an. Die Leute kennen sich aber noch untereinander. Es ist eine erstaunlich große Harmonie zwischen den verschiedenen weltweit tätigen Gruppen vorhanden, die sich gegenseitig informieren, die sich respektieren, die nicht alle die gleiche Meinung haben, aber die voneinander wissen und auch voneinander profitieren. Die Tagungen, die stattfinden – in diesem Jahr wird dies wieder an der Moskauer Staatsuniversität sein – werden fast von allen besucht. Alle bemühen sich, gemeinsam zu publizieren. Das Meinungsspektrum wird nicht von mir beherrscht. Das Meinungsspektrum wird von unabhängigen Wissenschaftlern beherrscht, die in vieler Hinsicht auch völlig verschiedene Auffassungen haben. Aber man respektiert sich, weil man weiß, daß eben der Weisheit letzter Schluß noch nicht gefunden worden ist. Es sind technische Entwicklungen da, die vor einigen Jahren undenkbar waren. Man macht jetzt Ganzkörperanalyse, man macht Lebensmittelqualitätsanalytik, nicht nur bei uns. Man findet verschiedene Anwendungen in der Medizin, in der Umweltthematik. Es fächert sich auf, es werden verschiedene Teile behandelt. Der größte Anwender in der Lebensmittelindustrie ist Japan im Moment. Das japanische Landwirtschaftsministerium fördert solche Methoden. Und die Technik wird auch verbessert, die Theorie wird verbessert. Ich habe einen indischen Kollegen, Quantentheoretiker an einer der Eliteuniversitäten in Indien, Kernphysiker, der sich speziell mit diesem Gebiet und unter anderem auch mit den gequetschten Zuständen beschäftigt, weil er überzeugt davon ist, daß eben diese nichtklassischen gequetschten Zustände von der Biologie genutzt werden. Es gibt Verbindungen zu amerikanischen Universitäten, z.B. zur Boston University, wo ein gestandener Kernphysiker, der die meiste Zeit auch bei CERN verbringt, sich jetzt verstärkt der Biophotonik zuwenden möchte. Wir haben Kontakte zum Nachfolger von Herbert Fröhlich, der immerhin die Supraleitung aufgedeckt hat, und dieser gehört zu den bekanntesten Nestoren dieses Gebietes. Dieser Nachfolger hat gesagt, er möchte sich uns anschließen, weil er dort die Ideen Fröhlichs am besten aufgehoben sieht. Es ist also eine Vielfalt von positiven Strömungen erkennbar. Die Entwicklung ist nicht mehr totzuschlagen, auch wenn in Deutschland sowohl Bemühungen, sich dieser Gebiete im wahrsten Sinne des Wortes zu »bemächtigen«, als auch immer noch Gegenwind unübersehbar sind. Man wird die Entwicklung nicht aufhalten können, sondern ganz im Gegenteil, der Fortschritt wird, wenn es so weiter geht, eben einfach an den Deutschen vorbeilaufen.

Das Gespräch wurde im März 1999 in München geführt.
*Dank an Brigitte Streubel.*

Teil I

# Essen ist mehr als Essen

# 1 Was jeder weiß

## Der gesunde Appetit

Rühreier sind weiß Gott keine Aufregung wert. Die Rühreier, die meine Großmutter lecker zubereiten konnte, lassen mir noch heute das Wasser im Mund zusammenlaufen. Vielleicht gehörte damals, zu einer Zeit kurz nach dem Zweiten Weltkrieg, als die Deutschen in die Dreiklassengesellschaft aus Selbstversorgern, Normalverbrauchern und Unterernährten eingeteilt wurden, gar nicht viel dazu, die Gaumen zu verwöhnen. Man war in den Nachkriegsjahren froh, den Hunger stillen zu können.

Es war aber wirklich der Appetit, und nicht etwa blanker Überlebenstrieb, der die Rühreier über ihren reinen Nährwert hinaus bis heute in mir nachwirken läßt. Wie könnte es sonst sein, daß einige andere, kaum weniger gewöhnliche Speisen, wie zum Beispiel Kartoffelbrei, seltsamerweise in unangenehmer Erinnerung blieben, obwohl ihn heute fast alle mögen.

Damals, nach 1945, war die Zurückweisung des Kartoffelbreis freilich nicht möglich. Man beugte sich nach harten Auseinandersetzungen schließlich dem Argument, daß eben das, was partout nicht schmeckte, besonders gesund sei. Wie froh können wir sein, daß die moderne Lebensmittelversorgung solche Überredungskünste für immer erübrigt. – Oder täuschen wir uns da?

Jedenfalls verspürt offenbar jeder eine besondere Neigung zu seinen Leibspeisen, von vornherein, ohne rationale Begründung, kurzfristig schwankend, aber dennoch dauerhaft in der Vorliebe. Diese Sympathie macht sich im Appetit in natürlichster Weise bemerkbar, in jener rätselhaften und nur wenig erforschten Fähigkeit höherer Lebewesen, schon vor der Nahrungsaufnahme zu ahnen oder gar zu wissen, welche Gefühle mit der Verköstigung verbunden sind. Mit verblüffender Treffsicherheit wissen zum Beispiel Wildtiere aus dem reichhaltigen Angebot der Natur immer jene Pflanzen oder Beutetiere auszuwählen, die ihnen behagen und ihnen die bestmögliche Nährstoffversorgung sichern.

Unglücklicherweise hat der Appetit Eigenschaften, die den Institutionen, welche jederzeit über den neuesten wissenschaftlichen Kenntnisstand verfügen und diesen verantwortungsbewußt in die Gesetze unserer Gesellschaft umsetzen sollen, nicht ins Konzept passen, denn als eigene Empfindung läßt sich dieses seltsame Gespür in keinem Reagenzglas der Welt nachweisen. Appetit ist launischer als jede Filmdiva. Wenn er nicht gerade in Sucht ausartet, kann selbst ein einziger Mensch zu verschiedenen Zeiten und an verschiedenen Orten unvorhersagbar unterschiedlichen Appetit entwickeln, in völlig verschiedenem Ausmaß auf mannigfaltige Objekte, von der sauren Gurke bis zu Rühreiern mit Champignons. Verwöhnteren Lesern und Feinschmeckern fällt möglicherweise noch mehr dazu ein. Kurzum: *Der Appetit ist subjektiv und nicht reproduzierbar.*

Ich stoße vermutlich auf keinen Widerspruch, wenn ich darauf aufmerksam mache, daß der Appetit ein funktionsfähiges Bewußtsein (oder Unterbewußtsein) voraussetzt. Als eine Art Vorausgedächtnis lädt uns diese Sinnlichkeit je nach unserem augenblicklichen Zustand, aber auch entsprechend den Erfahrungen und äußeren Bedingungen, zu bestimmten Speisen ein und warnt vor anderen. Als eine erste Hypothese wage ich die Aussage: Es ist zweckmäßig, den Appetit trotz seiner Launenhaftigkeit für eine höchst vernünftige Einrichtung der Natur zu halten, die dem Überleben und auch der optimalen Lebensqualität dient, wenigstens so lange, wie Ernährungswissenschaftler nicht das Gegenteil bewiesen haben.

Damals, als die Zeiten so schlecht waren, daß man »den Hering an der Zimmerdecke aufhängte, damit jeder daran lecken konnte«, gab es keinen Chemiker, der sich eine Karriere davon versprach, wenn er Stoffe erfinden würde, die dem Appetit noch zusätzlich auf die Sprünge helfen. Insofern war der Nachkriegsappetit gesund, unverfremdet und natürlich. Appetit gilt sicher nicht der Speise allein, sondern auch dem »Drum und Dran«. Er schließt die Gefühle ein, verquickt damit die behagliche Stimmung, die wir beim Essen empfinden, das stille Einverständnis aller Beteiligten, die ruhige und zufriedenstellende Prozedur.

Definiert man die Lebensmittelqualität als Maß für die Fähigkeit, die Bedürfnisse des Konsumenten optimal zu befriedigen – ich werde später auf die wissenschaftlich anerkannten Qualitätsbegriffe genauer eingehen –, dann fällt mir auf Anhieb kein besserer Maßstab ein als der gesunde Appetit, der in der Lage ist, schnell und zuverlässig die Erfüllbarkeit des optimalen Zwecks zu beurteilen. Die Qualität der Nahrung hängt also zunächst vor allem vom Appetit des jeweiligen Essers ab.

Gleichgültig, was diesem Postulat auch immer entgegengehalten werden mag: mit weitaus größerer Skepsis sind jedenfalls Ratschläge zu bewerten, die den Appetit einfach übergehen. Man spart sich eine Menge Zeit und Geld, wenn man jene Diätbücher, die es noch nicht einmal für nötig halten, den Appetit im Sachwortverzeichnis aufzuführen, ins Verkaufsregal zurückstellt und sich statt mühsamer Lesearbeit seine Leibspeise gönnt. Das vorliegende Buch ist eine Ausnahme, denn es wird nicht verboten, sondern angeraten, dem gesunden Appetit zu folgen: Schlechte Ratschläge, seien sie wissenschaftlicher oder ideologischer Art, beschneiden stets die Entfaltungsmöglichkeiten der Persönlichkeit.

Der Appetit gehört zu den Persönlichkeitsrechten. Seine Beschneidung greift in die Persönlichkeit ein, die sich das im übrigen unbewußt nicht gefallen läßt. Ein übergangener oder irregeführter Appetit meldet sich in irgendeiner Form wieder; er verlangt nach einer Befriedigung, die sich sicher nicht aus wissenschaftlich exakten Daten von Kalorientabellen errechnen läßt, sondern vor allem aus speziellen persönlichen Bedürfnissen unseres Bewußtseins und unserer Psyche hervorgeht.

Gäbe es keine unterschiedlichen Aufzuchtbedingungen für Nutzpflanzen und Tiere, nicht die freie Wahl der Sorten, keine Frische- und Reifegrade, keine ungleichwertigen Haltungs-, Lagerungs- und

Aufbereitungsverfahren, gäbe es keine wandelbaren Eingriffe der modernen Lebensmitteltechnologie in Aussehen und Geschmack, gäbe es nicht an die tausend künstlich hergestellte chemische Zusätze in der Nahrung, so wäre mit der Hypothese, dem gesunden Appetit seine angestammte Priorität nicht abzuerkennen, bereits alles gesagt, was mir zum Thema »Lebensmittelqualität« überhaupt einfällt.

So aber stellt sich die Frage: Wie kann der Verbraucher – falls er sich, von seinem Appetit geleitet, einem bestimmten Lebensmittel zugewandt hat – feststellen, ob die berechtigte Gedankenverbindung seines Appetits mit dem wirklichen Behagen, das er beim Verzehr empfindet, mit Versprechungen und Garantien, die er beim Kauf der Ware als gegeben betrachtet, tatsächlich übereinstimmt oder nicht?

## Mit allen fünf Sinnen dabei

Man hört, daß es Leute gibt, die sich zunehmend auf ihren »sechsten Sinn« verlassen, wenn sie ihre Nahrung auswählen, wie beispielsweise jener esoterisch geschulte Landwirt mit weißem Rauschebart, der niemals ohne Pendel, einen am kurzen Faden schwingenden Kupferkegel, auf dem Wochenmarkt erschien und den Metallkörper, von höheren Mächten gesteuert, über den Gemüseproben seiner Wahl kreisen ließ. Drehte sich die Kegelspitze im Uhrzeigersinn, kaufte der kritische Prüfer ohne weitere Bedenken. Die verdutzten Verkäufer hätten allerdings früher oder später bankrott gemacht, wenn die mächtigen Pendelgeister, Perfektionisten, die sie nun einmal sind, gewollt hätten, das Pendel nur noch gegen den Uhrzeigersinn zu drehen.

Eines Tages traf ich den sympathischen, schrulligen Bekannten zufällig mit einem Bund Karotten, die aus der nachlässig geschlossenen Plastiktüte seines Einkaufskorbs orangerötlich hervorschimmerten. Waren da nicht auch faule Exemplare darunter? Überrascht teilte ich ihm die Entdeckung sogleich mit. Nach einem zögernden Blick auf die verräterischen Flecken und einer kurzen, stirnfaltenwerfenden Denkphase meinte der Fachmann für erweitertes Bewußtsein schließlich, das bedeute wohl, daß er heute keine Karotten essen dürfe.

Immerhin hatte diese höhere Erkenntnis den vollen Preis für das Karottenbündel gekostet. Vielleicht ist es wirtschaftlicher, wenn faules Gemüse noch einen »philosophischen Sinn« erfüllt, anstatt die Mülldeponien zum Überlaufen zu bringen. Doch dieser denkbare Zweck höherer Gewalt schließt nicht aus, daß es, wenn der Prozentsatz fauler Ware fünfzig Prozent nicht signifikant überschreitet, immer noch vorteilhafter ist, die fünf Sinne, Sehen, Riechen, Schmecken, Hören und Tasten, zur Prüfung einzusetzen, bevor man sich auf den sechsten und folgende verläßt.

Ich platze fast vor Ungeduld und beobachte immer auch andere Leute, die sich ärgern, wenn im Metzgerladen Kundinnen an der Reihe sind, die ohne Rücksicht auf Wartende mit Seelenruhe und provozierend wählerisch viele, aber unendlich dünne Scheiben Wurst verschiedenster Sorten wünschen, dann die wenigen Skalenteile auf der Waage, die jedes Häppchen gerade schafft, sorgfältig ablesen lassen. Schließlich muß es auch noch pfleglich verpackt werden. Ein Autobahnstau ist erträglicher, da sich die Wut in eine Masse anonymer Bürokraten hineinverliert.

Aber hier, im Metzgerladen, hat man die Nerventöterin in Form der Kundin leibhaftig, nur einen einzigen großen Schritt entfernt, vor sich, und man kann sie mit höchster Aufmerksamkeit präzise beobachten. Mit kühlem Kopf muß man schließlich aber einsehen, daß man sich zum Essen viel lieber von einer solchen Hausfrau einladen lassen sollte als von jenen Damen, die ihre Kinder mit Einkaufstasche und Merkzettel in den Metzgerladen schicken. Denn es ist richtig, daß man der Ware vielfach ansehen kann, ob sie gut oder schlecht ist. Bekanntlich essen wir auch mit den Augen, und es gibt vermutlich keine natürliche Einbuße der Lebensmittelqualität, die zu einem appetitlicheren Aussehen verhilft. Im Gegenteil: Viele, vor allem gesundheitsbedrohliche Qualitätsverluste erkennt man am »vergammelten« Aussehen. Beispielsweise bei guten Heringen glänzen deren Schuppen gesund; aber bei Kabeljau, bildet der, wenn er verdirbt, einen ekelerregenden Schleim auf dem Fleisch. Über solche Zusammenhänge berichtet beispielsweise S. Diemair (1990).

Physikalisch betrachtet stammt die empfindliche Änderung des Äußeren von Lebensmitteln in Abhängigkeit von der veränderten Qualität von *Lichtwechselwirkungen*, die im komplexen Gefüge der Nahrung eine entscheidende, wenn auch nicht immer klar überschaubare Rolle spielen. (Darauf werde ich später noch genauer eingehen.) Daß der sensible Sichttest aber schon lange auch technisch genutzt wird, zeigt das sogenannte »Woodsche Verfahren«: Beleuchtet man verschiedene Fleischproben, denen man normalerweise keine Qualitätsunterschiede ansieht, mit ultraviolettem Licht, dann bleibt das appetitliche Aussehen frischen Fleisches erhalten, während sich überalterte Ware durch einen »leichenartigen« Anblick verrät.

An dieser Stelle muß ich nicht nur auf die Physik, sondern auf zwei nützliche Begriffe der Mathematiker zurückgreifen, die über die reine Wissenschaft hinausgehend auch im täglichen Leben wachsende Bedeutung erlangen, oder, um es praktischer zu formulieren, erlangen *sollten*. Sie bewahren uns bei richtigem Gebrauch vor einer Vielfalt von Irrtümern und Mißverständnissen, können also Aufklärungsarbeit leisten, nicht nur in den nicht-mathematisch orientierten Bereichen der Wissenschaft, wie Medizin, Biochemie oder Ernährungswissenschaften, sondern sogar für die wichtigen Fragen der Bevölkerung bis hin zu Allerweltsproblemen. Es handelt sich um die Begriffe *»notwendig«* und *»hinreichend«*, um deren tieferes Verständnis und die richtige Anwendung.

Wenn zum Beispiel Lydia Müller erklärt, sie möchte den Gustav Weihrich heiraten, dann ist das eine notwendige, aber keineswegs hinreichende Bedingung dafür, daß die Hochzeit wirklich zustande kommt. So muß ja auch der Gustav damit einverstanden sein. Hinreichend ist aber der Trauschein. Es gibt umgekehrt auch hinreichende, aber keineswegs notwendige Bedingungen. So reicht es, daß es regnet, damit die Gartenpflanzen bewässert werden. Das ist aber nicht notwendig. Man kann notfalls auch gießen.

Nun, das gute Aussehen der Lebensmittel ist heute eine notwendige, jedoch bei weitem nicht hinreichende Bedingung für gute Qualität. Die Hausfrau, die die wunderschön gezüchteten Äpfel in den Regalen der Supermärkte erblickt und sich gelegentlich zum Kauf entschließt, wird das betätigen. Sie schmecken schlechter als sie aussehen. Ein anderes Beispiel ist die Dotterfarbe von Hühnereiern. Während das intensiv orangegelbe Leuchten des Dotters früher hinreichend auf eine vollwertige Ernährung der Hühner schließen ließ, so auf Grünfutter, Samen oder Getreide als die eigentlichen Quellen der Dotterpigmente, bleibt heute dieser Dotterteint nur noch ein notwendiges Kriterium für Qualität. Inzwischen kann man nämlich eine fahlgelbe Pigmentierung, die von minderwertigem Hühnerfutter stammt, durch wohlabgestimmte Carotinoid-Zusätze täuschend ähnlich in das sattgelbe Kolorit des typischen Qualitätseies verwandeln.

In antiken Kulturen gehörten Speise- und Trankopfer für Gottheiten zu den wichtigsten Ritualen. Asiatische und afrikanische Ureinwohner, indianische Naturvölker Amerikas, besonders auch die kulturell hochstehenden Griechen des Altertums verbanden mit solchen Opfergaben den Glauben, die Götter zu speisen und dadurch gnädig zu stimmen. Die wabblige Götterspeise, die die moderne Lebensmittelchemie einführte, verfolgt offensichtlich nicht mehr die gleiche Absicht. Nur das Erntedankfest blieb noch als Relikt dieser alten Sitten und Gebräuche erhalten. Nicht allein der Respekt vor den Göttern, sondern auch die dankbare Ehrfurcht vor der Nahrung äußerten sich in den Speiseopfern unserer antiken Vorfahren. Besonders dem Riechgenuß der verbrennenden Opfergabe wurde es zugeschrieben, die Götter gönnerhaft zu stimmen. Auch wenn man in der modernen Vorschrift, in jedem Lebensmittellabor einen Abzug einzurichten, nicht unbedingt die gleiche Ehrfurcht vor den Gaben der Natur zu erkennen vermag, so ist der appetitanregende Geruch, mit dem sich gute Qualität empfiehlt, glücklicherweise erhalten geblieben, wegen der möglichen Zusätze an künstlichen Aromastoffen allerdings nur noch als notwendige und nicht mehr als hinreichende Voraussetzung.

Geruch und Geschmack hängen wirklich eng zusammen. Weinkenner, Liebhaber von Limburger Käse, Chinesen, die faule Eier bevorzugen sollen, wissen das ebenso wie jener Kostverächter, dem wegen eines Schnupfens jede Speise fadschmeckend vorkommt. Nicht immer ist es aber erlaubt, vor dem Kauf auch den Geschmack zu testen. Ich bekam Schwierigkeiten bei echtem Kaviar und Konserven. Wo immer der Geschmackstest angeboten wird – ich erinnere mich an Wursthäppchen beim Metzger oder diverse Olivenproben auf dem Wochenmarkt –, kann man Qualität auch bei mehrfachem Einreihen in die Käuferschlange sicher genießen, exakt so lange, bis man als Wiederholungstäter identifiziert wird.

E. Kapfelsberger und U. Pollmer weisen in ihrer Aufklärungsschrift »Iß und stirb« (1983) darauf hin, daß trotz mannigfaltiger Bemühungen, den Geschmack minderwertiger Lebensmittel mit Chemikalien aufzuwerten, eine nicht zu vernachlässigende Chance bleibt, die Qualität durch Vorschmecken richtig zu beurteilen. Gelegentlich erkennt man beispielsweise den Zusatz bedenklicher Inhaltsstoffe an einem unangenehmen Bittergeschmack, weil die Giftigkeit häufig die Intensität der Bitterkeit erhöht. Rasputin, den man mit Zyankali vergiftete, wußte leider nicht, daß dies nur ein notwendiges und kein hinreichendes Kriterium ist: Durch Zucker, den man beimischte, läßt sich der Geschmacksmangel wieder ausgleichen.

Nicht jeder ist so couragiert wie meine Freundin Eva, die eine Kombination aus Sehen, Riechen, Schmecken und Hören wählte, um einen praktischen Lebensmitteltest zu machen. Als sie, vom Metzgerladen kommend, in dem sie sorgfältig ausgewählt hatte, daheim feststellen mußte, daß die Wurst geradezu ekelerregend schmeckte, stürzte sie schnurstracks in den Laden zurück und forderte vor der Kulisse aufmerksamer Kunden den überraschten Metzger auf, in seine eigene Wurst zu beißen. Er lehnte aber spontan ab. Diese Reaktion konnte nicht damit entschuldigt werden, daß Metzger nun mal ihre eigene Wurst nicht mögen. Qualität verrät sich nämlich nicht nur im Aussehen, Geruch und Geschmack. Sie spricht sich auch herum.

Die »Wetten-daß«-Sendung im Fernsehen inspiriert dazu, auch Hören und Tasten für Qualitätsprüfungen verstärkt einzusetzen. Ich denke beispielsweise auch an meinen Kollegen Schnassel, der im chemischen Praktikum, wenn es darum ging, Vollanalysen zu kochen, eben mal vorbeikam, um aus der Art, wie seine Probe beim Zerreiben knirschte, die Inhaltsstoffe anzugeben. Da aber das Betasten der Ware aus verständlichen Gründen vor dem Kauf oft verboten ist, erübrigt es sich hier, notwendige, wenngleich nicht hinreichende Hör- und Tastkriterien für gute Qualität zu erfinden. Gleichwohl könnte es sich gelegentlich lohnen, einen Käse, eine Salami oder ein Brötchen vor dem Verzehr ein bißchen zu quetschen. Alles in allem erscheint es nützlich, unsere Lebensmittel nicht als tote Ware, sondern eher wie etwas, das man liebt, anzusehen, das man auswählt, um vergnügte Stunden mit ihm zu verbringen, und nicht, um nur schnell den Hunger zu stillen.

## Die subventionierte Unvernunft

Man ist, was man ißt. Das wurde mir neulich schmerzlich bewußt, als ich träumte, daß ich in einer Herde weiterer Ochsen in den Schlachthof getrieben wurde und zunächst ansehen mußte, wie ein Rind nach dem anderen seinen Todesschuß erhielt, kurz zappelte, zusammenbrach und weggeschleppt wurde. Kurz bevor ich selbst an er Reihe war, holte mich das schrille unablässige Rasseln des Weckers in die Wirklichkeit zurück. War ich im früheren Leben ein Ochse? Wenn ja, dann aber leider nicht in Indien. Bevor ich diese fruchtlosen Gedanken verscheuchen konnte, fiel mir ein, daß ich am Abend vorher im Restaurant Ochsenfleisch mit Meerrettichsoße gegessen hatte …

Gibt es tatsächlich eine Übertragung der Merkmale des Lebensmittels auf seinen Verbraucher? Können wir diese interessante und auch wichtige »ganzheitliche« Theorie jemals bestätigen oder widerlegen? Trotz beeindruckender Erkenntnisse der Ernährungswissenschaften stehen wir vor einer Vielfalt ungeklärter Rätsel. Wir haben keine Ahnung davon, welche Reaktionen ein einfaches

Stück Fleisch im Netzwerk unseres Organismus von der Zelle über die Organe bis hin zur Psyche auslöst. Kümmerlich sind vergleichsweise die Antworten der Detektorsysteme der Wissenschaft, so die der chemischen Reaktionen im Reagenzglas, der Massenspektrometer, Gaschromatographen, Dünnschichtchromatographen, Papierchromatographen..., nicht zuletzt auch der modernsten Methoden der Elektronenspinresonanz oder Protonenspinresonanz. Diese Geräte erfassen von den wirklichen Wechselwirkungen der Nahrung im Verbraucher nur einen *winzigen Bruchteil*, sowohl was die Sensivität betrifft als auch im Ausmaß und in der Komplexität. Die meßbare Botschaft ist also erschreckend lückenhaft. Das sollte uns nicht nur zu weiteren Anstrengungen veranlassen, mit noch subtileren Methoden noch mehr über Leben und Lebensmittelqualität zu erfahren, sondern uns auch vorsichtig machen gegenüber dem jeweils neuesten Kenntnisstand der Wissenschaft selbst.

Lebten wir noch in den fünfziger Jahren, könnten wir uns auf den Appetit und die angeborenen Sinne verlassen. Damals spielte das Thema »Chemie in der Nahrung« keine oder nur eine untergeordnete Rolle. Niemand bezweifelt auch ernsthaft, daß die »Intensivierung« der Landwirtschaft, so der Einsatz von Mineraldüngern, Pflanzenschutzmitteln und moderne Herstellungs- und Bearbeitungsverfahren, zunächst eine segensreiche Entwicklung einleitete, die den Hunger zu überwinden half, den Bauern Wohlstand versprach und der Wirtschaftlichkeit der Zulieferindustrie auf die Sprünge half.

Heute aber, wo nicht nur erhebliche Überschüsse zu verwalten und zu subventionieren sind, wo die Regale an Billigangeboten überquellen und selbst die Lebensmittelindustrie neue Pläne für ihre Zukunft schmieden muß, wird zunehmend deutlich, daß Überfluß ebenso seinen Preis fordert wie Mangel. Es gibt kaum noch Bürger unseres Landes, die sich nicht berechtigte Sorgen um ihre Ernährung machen. Während in den fünfziger Jahren das Essen noch hervorragend schmeckte und auch gut war, wenn es schmeckte, im übrigen auch weniger Fälle von Fehlernährung auftraten, schmeckt heute vieles ausdruckslos, das Fleisch schrumpft in der Pfanne. Es gibt kaum noch ein Nahrungsmittel, vor dem nicht schon gewarnt worden wäre, wie Fisch, Fleisch, Innereien, ja selbst Brot, Gemüse, Obst, Milch, Nudeln, Reis, Gewürze, Eier.

Wir sind Akteure und Zeugen der morbiden Situation, daß bei steigendem Bedarf medizinischer Versorgung Fehlernährung als Ursache oder notwendige Begleiterscheinung nicht mehr auszuschließen ist. Herz- und Kreislauferkrankungen, Krebs, Rheuma, Gicht, Allergien, Hautkrankheiten, Immunschwächen liefern Beispiele für die schicksalhafte Verflechtung von Lebensqualität und Lebensmittelqualität.

Die überwältigende Mehrheit der Bevölkerung, stets ein sicherer Indikator für notwendige Entwicklungen, hält heute die Qualitätsfrage, die eng mit der gesamten Umweltproblematik verzahnt ist, für eines der drängendsten Themen unserer Wohlstandsgesellschaft.

Der eigentliche Kernpunkt, von dem die Wurzeln aller Übel und Unsicherheiten ausgehen und in dem alle Fäden zusammenlaufen, ist die *Qualität der Nahrung.* Wäre man nämlich sicher, daß durch chemische Manipulation, wie überhöhten Stickstoff- und Phosphatgehalt in den Böden, im Trinkwasser, in den Lebensmitteln, durch Schädlingsbekämpfungsmittel, Konservierungsstoffe, Reste von Tierarzneimitteln, Substitutionsstoffe und Aufbesserungschemikalien, die Qualität der Nahrung keinen Schaden erleidet, gäbe es auch keine Probleme.

Nitrate und Phosphate im Grundwasser und in den Lebensmitteln können aber sehr wohl ein gesundheitsgefährdendes Ausmaß erreichen, Schädlingsbekämpfungsmittel haben die von ihrem Zweck her verständliche Eigenschaft, Leben zu gefährden und natürliche Kreisläufe aufeinander abgestimmter Organismen in der Umwelt, aber auch in der Mikroflora des Menschen zu zerstören. Ein Chinese wird im Durchschnitt etwa gleich alt wie ein Amerikaner. Dennoch haben die Chinesen ein deutlich geringeres Risiko, nach dem fünfzigsten Lebensjahr unter »Zivilisationskrankheiten« wie Kreislaufversagen, Krebs, Rheuma zu leiden als die gleichaltrigen US-Bewohner. Als hauptsächliche Ursache hat die Statistik die Konservierung der Lebensmittel ausgemacht. Amerikaner leben fast ausschließlich von Konserven, Chinesen konnten sich das bisher nicht leisten. Sie sind auf Frischkost angewiesen. Das Beispiel verdeutlicht grundsätzliche Probleme der Ernährungswissenschaft. Die Langzeitnebenwirkungen der Konservierung von Lebensmitteln können in keinem Labor der Welt in verfügbarer Zeit nachgewiesen werden, um so weniger, je länger es dauert, bis sich kleinste, nicht im einzelnen registrierbare Störungen zu geradezu schicksalhaften Eingriffen in das Leben der Völker aufgetürmt haben. Es scheint so, als ob Konservierungsstoffe nicht nur die Lebensmittel, sondern auch den Verbraucher mitkonservieren. Das Beispiel zwingt uns zur Nachdenklichkeit über den Wert der mittleren Lebenserwartung als alleiniges Maß der Lebensqualität, wissen wir doch nicht, ob wir wirklich länger leben oder nur langsamer sterben, wenn wir von den zahlreichen Verbesserungsangeboten der Wissenschaft und Technik Gebrauch machen.

Wie hart die Fronten über diese Existenzprobleme in unserer Gesellschaft aufeinanderprallen, mögen zwei Stellungnahmen dokumentieren, von denen man sicher weiß, daß sie aus berufenem Munde sachlich fundiert sind und nicht aus Gefälligkeit oder Abhängigkeit formuliert wurden.

So stellt H. Vetter, Präsident des Verbandes Deutscher Landwirtschaftlicher Untersuchungs- und Forschungsanstalten, in seinem Buch »Umwelt und Nahrungsqualität« 1980 noch fest:

- Die Fruchtbarkeit unserer Böden wurde durch die moderne Landbewirtschaftung erhöht. Die Humusgehalte sind gestiegen, die Ackerkrumentiefe auf das 3fache erhöht, das Bodenleben verstärkt.
- Eine gute Pflanzenernährung ohne Gewässerbelastung ist mit Mineraldüngern besser erreichbar als mit Wirtschaftsdüngern. Die Fähigkeit der Böden zur Filterung des Wassers wird durch die Düngung, vor allem die Kalkdüngung, wesentlich verbessert.
- Die Luft wird durch die von Landwirten gepflegten Pflanzenbestände in ähnlicher Weise gefiltert und gereinigt wie durch

Wälder. Die von Tierhaltungsbetrieben emittierten Geruchsstoffe belästigen zwar, verursachen aber keine Gesundheitsschäden oder Leistungsminderungen.

- Die Einhaltung einer aufgelockerten, vielgestaltigen Landschaft mit einem ausreichend großen Anteil an Wald, Naturschutzgebieten, Hecken, Feldrainen und Parks ist mit Hilfe des modernen Landbaus erleichtert worden, weil durch ihn die Nahrungsmittelerzeugung auf vergleichsweise kleiner Fläche möglich geworden ist.
- Die Nahrungsqualität konnte durch Einführung der Mineraldüngung wesentlich verbessert werden. Das Vorkommen von Pflanzenschutzmittelrückständen kann so niedrig gehalten werden, daß die menschliche Gesundheit dadurch nicht gefährdet wird.
- Mit diesen Feststellungen soll nicht behauptet werden, daß beim Einsatz von Mineraldüngern oder Pflanzenbehandlungsmitteln keine Fehler unterlaufen. Die Bemühungen um Vermeidung von Fehlern beim Einsatz dieser Mittel müssen fortgesetzt und verstärkt werden ...

Zu einem völlig anderen Urteil kommt H. Priebe, Direktor des Instituts für ländliche Strukturforschung an der Universität Frankfurt, wissenschaftlicher Berater der EG-Kommission in Brüssel, Agrarexperte mit jahrzehntelanger internationaler Erfahrung, in seinem Buch »Die subventionierte Naturzerstörung« (1990): »Unsere Tische sind reichlich gedeckt... Aber der Preis dafür ist hoch, wir bezahlen diese Fülle mit einer zunehmenden Zerstörung von Natur und Umwelt ..., zwar weniger spektakulär als ... Ozonloch, ... Tschernobyl oder das Robbensterben in der Nordsee. Aber es ist langfristig um so folgenschwerer, zumal es immer noch nicht ernst genommen und sogar durch agrarpolitische Maßnahmen weiterhin kräftig gefördert wird.

Da vollzieht sich ein schleichender, für viele kaum sichtbarer Prozeß der Zerstörung unserer natürlichen Lebensgrundlagen wie im Abbuchungsverfahren: Manche merken es kaum, andere meinen, ihr Konto sei groß genug. Aber während wir friedlich tafeln, geht draußen der Tod unter den Pflanzen- und Tierarten um, nimmt die Vergiftung von Boden und Grundwasser, die Belastung unserer Nahrungsmittel mit Fremdstoffen zu, verwandeln sich blühende Landschaften unserer Heimat in öde, monotone Produktionsgebiete. Und die Agrarpolitik hat jetzt mit der ›Strukturwandlung‹ zur letzten Flurbereinigung angesetzt: Nach den aussterbenden Arten, Hecken und Bäumen stehen nun die letzten Bauern auf der Roten Liste, industrialisierte Betriebe sorgen dann für unsere Ernährung, und Großkonzerne liefern uns ein europäisches Einheitsmenü – die Chemie macht's möglich ...«

Wenngleich die Äußerungen der beiden Wissenschaftler zehn Jahre auseinanderliegen, so hat sich an der Diskussion über den richtigen Weg bis heute wenig geändert. Geblieben ist die Diskrepanz in der Meinungsvielfalt selbst unter Experten. Man bekommt Mitleid mit den Politikern in Berlin, Bonn, Brüssel und anderswo, die auf Gutachter angewiesen sind, damit sie die richtigen Entscheidungen treffen können. Die Widersprüchlichkeit entsteht, wie im Beispiel, aus der falschen Zuordnung von notwendigen und hinreichenden Bedingungen. Während Vetter notwendige Voraussetzungen für die »moderne Landwirtschaft« nennt, die Priebe nicht als hinreichend anerkennt, stützt sich Priebe auf hinreichende Nebenwirkungen, die ihn zwingen, eine moderne Bewirtschaftung im Sinne Vetters zurückzuweisen. Vetter wiederum erkennt nicht die Notwendigkeit der Gefahren, die Priebe zur Ablehnung veranlassen.

Erschwerend kommt hinzu, daß der Politiker, der im Bundestag oder im Europäischen Parlament Entscheidungen zu treffen hat, oft selbst Opfer verminderter Nahrungsqualität ist. Kann er sich dann überhaupt noch sorgfältig genug auf seine Aufgaben konzentrieren, hat er noch die Fähigkeit, sein Heer von bürokratischen Zuarbeitern, die selbst wieder in eine eventuell unheilvolle Nahrungskette eingebunden sind, zu kontrollieren, verfügt er noch, eventuell mit Antibiotika und Konservierungsstoffen gehemmt bis mumifiziert, über die Kraft, richtige Einsichten durchzuboxen, oder sitzt er lieber, von Beruhigungsmitteln und Batterieeiern beseelt, die Probleme einfach aus?

Ein hinreichendes Kriterium für die Lösung der gesamten Problematik besteht in der sachgerechten Beurteilung der Qualität unserer Nahrung, die nicht allein als Paket mehr oder weniger nützlicher Inhaltsstoffe anzusehen ist. Sie wirkt als Energiestrom und Dirigent im Netzwerk aller relevanten Kopplungen des Lebens, angefangen beim Aufbau und der Organisation der Zellen und Organe bis hin zur Kommunikation und Evolution der Gesellschaft.

Vetter schreibt, die Verdrängung wilder Pflanzen und Tierarten (die mit den Kulturpflanzen in Konkurrenz treten) sei kein Betriebsunfall, sondern das erklärte Ziel landwirtschaftlicher Bodennutzung. Dann stellt sich aber die weitergehende Frage, ob der Verzicht auf die Artenvielfalt der Natur oder ihr teilweiser Ersatz durch die Mannigfaltigkeit neuer chemischer Substanzen grundsätzlich überhaupt einen »Nutzen« für die menschliche Evolution bringen kann, und, wenn ja, worin dieser Nutzen besteht.

Wenn Vetter weiterhin anführt, Fremdstoffe und Rückstände bestimmten die Gesundheit und Qualität der Nahrung weit weniger als ihre Nährstoffe, dann bedeutet das im Klartext, daß es immer noch günstiger sei, Giftstoffe mit der Nahrung aufzunehmen als zu verhungern. Das kann zwar zutreffen. Kann es aber ein erklärtes Ziel sein, uns langfristig vor diese makabre Alternative zu stellen, oder gibt es nicht doch auch die Möglichkeit, genügend hochqualitative Lebensmittel ohne signifikante Anreicherung mit Fremdstoffen anzubieten?

Das Lebensmittelrecht soll nach W. Gabel (»Gift auf dem Tisch?«, Herford 1973) das Schutzrecht des Verbrauchers sein. Es soll ihn vor Beeinträchtigung seiner Gesundheit bewahren und gegen Verdorbenheit, Verfälschung, Nachmachung von Lebensmitteln und Täuschung aller Art im Lebensmittelverkehr schützen.

Die Wissenschaft ist die Antwort schuldig geblieben auf die Frage, ob ihr – oft als selbstgefällig empfundener – Hinweis auf den jeweils neuesten Stand der Erkenntnis höchstens ein *notwendiges*, keinesfalls aber *hinreichendes* Sicherheitskriterium für die Einhaltung des Lebensmittelrechts darstellt. Sie schließt Schäden so lange aus, wie sie sie mit ihren unzulänglichen Detektorsystemen nicht nachweisen kann.

Wo aber bleibt die Sicherheitsgarantie gegenüber überadditiven Wirkungen einer heute noch unübersehbaren Vielfalt von Fremdstoffen und Manipulationen? Diese Frage stellt sich besonders dann, wenn die Einzelkonzentrationen und Eingriffe nur geringfügig über den »natürlichen« liegen oder wenn durch Summationseffekte langfristig latente kulturelle und gesundheitliche Schäden verursacht werden, die uns möglicherweise teurer zu stehen kommen, als es der kurzfristige und höchst vage veranschlagte »Nutzen« rechtfertigen könnte. Dringend notwendig und hinreichend erscheint daher ein *ganzheitlicher* Qualitätsbegriff. Er müßte objektiv das Risiko abschätzen lassen, so die Qualitätsverminderung der Nahrung durch falsche Sortenauswahl, minderwertige Nährböden, Fremdstoffe und moderne Herstellungsverfahren.

## Jenseits des Rationalen

Immer dann, wenn die Wissenschaftler von der Bevölkerung befragt werden und keine befriedigenden Antworten auf drängende Probleme der Zeit zu geben wissen – außer, daß sie lapidar auf den jeweils neuesten Kenntnisstand hinweisen –, hinken sie oft selbst hinter dem Kenntnisstand der Bevölkerung her. Was sie aber wenig kümmert. So machen sich schnell »pseudowissenschaftliche« bis irrationale Denkrichtungen breit, die sich trotz wütender Gegenattacken schon deshalb durchsetzen, weil sie mindestens *ein* Körnchen neuer Wahrheit enthalten, an das die »Päpste« der etablierten Schulen nicht denken konnten, wollten oder durften.

So erreichte die »Alternativmedizin« in den letzten zwanzig Jahren mit erstaunlichem Tempo Hoffähigkeit, und nicht anders werden sich alternative Richtungen »bewußter« Ernährung ihren Weg bahnen, bis sie schließlich wieder in den neuesten Kenntnisstand der Wissenschaft einverleibt werden, nun aber bereinigt und präzisiert.

Dann beginnt das ergötzliche, aber dennoch fruchtbare Wechselspiel von vorne, zu immer neuen Horizonten. Gewiß reicht bei diesem lebhaften Abtausch von Daten und Meinungen die Palette der Spielarten von ehrlichen, strebsamen Bemühungen um Klarheit über ideologische Versteifungen bis hin zur Scharlatanerie, auf *beiden* Seiten der Opponenten.

Immerhin haben es inzwischen mindestens fünf der zirka hundert verschiedenen Alternativ-Lehren geschafft, wenigstens ein Prozent der Bevölkerung zu überzeugen (AID-Verbraucherdienst 1989). Dazu zählen:

- die Vollwerternährung,
- der Vegetarismus,
- die Mazdaznan-Ernährungslehre,
- die Makrobiotik,
- die anthroposophische Denkrichtung.

Keine dieser Schulen nimmt freilich explizit Rücksicht auf das wichtigste Element menschlicher Bedürfnisse, den gesunden Appetit. Insoweit können wir, meine Mitarbeiter und ich, diesen Beschränkungen des Speiseangebots nicht folgen, auch wenn solche Eingrenzungen nicht als Verbote, sondern als Ratschläge deklariert werden. Wie bei allen Einengungen der Persönlichkeit fehlt auch hier der wissenschaftliche Beweis; statt dessen stützen sich diese Lehren vorwiegend auf »gesundheitliche«, weltanschauliche, politische oder ethische Gründe. Wer jedoch genau wissen möchte, weshalb er vorwiegend naturbelassene Nahrung, vegetabile (pflanzliche) Kost, laktovegetabile (Milch zusätzlich erlaubt), ovo-laktovegetabile (Eier zusätzlich erlaubt) Lebensmittel, Rohkost oder Gekochtes, ungesättigte Fettsäuren oder Kiesel verzehren soll, findet eine kurze, aber (im Gegensatz zu dieser Darstellung) objektive Zusammenfassung im AID-Verbraucherdienst (Heft 1131, 1989).

Für positiv halten wir bei all diesen Denkrichtungen den Trend, künstliche Zusätze in den Speisen abzulehnen, wenngleich das vielfach ein frommer Wunsch bleibt. Es grenzt sogar an Täuschung des Verbrauchers, wenn mit Begriffen wie »Vitalkraft« oder »Bio-Etiketten« der Eindruck erweckt werden soll, der Kauf von Lebensmitteln aus alternativem Landbau sei bereits die Garantie für hochwertige Qualität. Die Landschaft ist heute so ubiquitär mit Chemikalien verseucht, daß ohne den Nachweis besonders geringer Schadstoffbelastung jene Produzenten benachteiligt werden, die saubere Äcker in einer sauberen Landschaft unter optimalen Aufzuchtbedingungen wirklich noch relativ schadstofffrei halten können, auch wenn sie keine Etiketten auf ihre Produkte kleben.

Dennoch kann man den Trend »Zurück zur Natur« nur begrüßen, wenn er nicht nach notwendigen Schritten haltmacht, sondern hinreichende Korrekturen unter Einsatz rationaler Maßnahmen erzwingt. Solange aber das Niemandsland zwischen der unzureichenden wissenschaftlichen Beweisführung auf seiten der etablierten Ernährungsexperten und der fehlenden Glaubwürdigkeit im Lager der Lebensmittelideologen nicht von beiden Fronten her überwunden wird, bleibt das Lebensmittelqualitäts-Risiko erhalten. Davon profitieren naturgemäß die Geschäftemacher auf beiden Seiten des Meinungsspektrums – auf Kosten der Verbraucher.

Dessenungeachtet enthalten die alternativen Denkrichtungen eine Reihe wissenschaftlich interessanter Ansätze, die sogar wegweisend für die modernst ausgestatteten Technokraten der Ernährungsforschung sein sollten und vermutlich auch bald sein werden.

Obwohl ich die »Naturbelassenheit« der Nahrung schon deshalb nicht als Naturgesetz akzeptieren kann, weil nun einmal rohe Kartoffeln weniger gut genießbar sind als gekochte, könnte diese Forderung der Vollwertköstler doch wesentlich mehr bedeuten, als Fremdstoffen zu entgehen. Solange es nämlich wissenschaftlich nicht gelingt, wenigstens an einem einzigen Paradebeispiel nachzuweisen, daß sich die Qualität einer Pflanze unter optimalen natürlichen Aufzuchtbedingungen durch künstliche (unnatürliche) Zusätze erheblich verbessern kann, ist es allemal logischer, davon auszugehen, daß die Natur selbst immer noch der beste Lebensmittelproduzent ist. Im übrigen gehört diese Denkrichtung der Vollwertkost, insbesondere durch vorbildliche wissenschaftliche

Arbeit an der Universität Gießen, heute zu den bestfundierten Ernährungslehren unserer Zeit.

Zum zentralen Anliegen der modernen Nahrungsforschung könnte auch der Satz von W. Kollath werden, dem Nestor der Vollwerternährung (Kollath 1977): »Das Ganze ist mehr als die Summe seiner Teile«. Er meint damit, daß Nahrung mehr als nur das Gemisch aus Kohlehydraten, Fetten, Eiweißen, Mineralsalzen, Vitaminen, Spurenelementen und Ballaststoffen ist. Auf die »ganzheitliche Ordnung«, also auf das harmonische Zusammenwirken der Teile, kommt es an, so wie beispielsweise ein Gedicht nicht aus der Häufigkeit, mit der die einzelnen Buchstaben verwendet werden, sondern nur aus der Gesamtgestaltung heraus verstanden werden kann. Diese Einsicht sollte die Techniker der Lebensmittelindustrie schon deshalb nachdenklich stimmen, weil es ihnen bisher nicht gelungen ist, anstelle der Lebensmittel die vielen Einzelpackungen all ihrer Bestandteile zu isolieren, die sich der Verbraucher dann nach Belieben in diverse »Ragouts« gleichwertiger Qualität vermischen kann. Noch besteht ein Unterschied zwischen einem mit Quecksilber angereicherten Hering und einem von ihm losgelösten Thermometer andrerseits. Die Forschungsrichtung, die Synergismen von Einzelkomponenten in der Nahrung verstehen lernt, gehört bei der Vielzahl von Fremdstoffen geringster Konzentrationen in unseren Lebensmitteln zu den wichtigsten, lebensnotwendigen Gebieten der zukünftigen Entwicklung.

Auch die weniger wissenschaftlich fundierten alternativen Ernährungslehren enthalten Elemente, über die es nachzudenken lohnt. Legionen von Forschern könnten jahrzehntelang sinnvoll beschäftigt werden mit Fragestellungen,

- inwieweit biologische Rhythmen die optimale Auswahl der Nahrung beeinflussen, so wie es beispielsweise die Mazdaznan-Philosophie postuliert,
- ob deren Behauptung zutrifft, daß das Optimum der Ernährung gleichbedeutend damit ist, daß möglichst *wenig* Nahrung aufgenommen werden muß,
- ob die optimale Nahrung stets aus der jeweiligen Lebensregion

des Verbrauchers stammen muß, wie es die Makrobiotiker annehmen,

- ob deren Polaritätsdenken eine Basis hat, beispielsweise darin, daß über die ernährungsphysiologische Bedeutung der Einzelkomponenten hinausgehend das Säure-Basen-Gleichgewicht des Bluts, des Urins und des Extrazellulär-Raums eine übergeordnete Rolle für gesunde Ernährung spielt,
- inwieweit den Lebensmitteln vorwiegend eine evolutionsbiologische Bedeutung zukommt, wie es in Ansätzen der Anthroposophen zum Ausdruck kommt.

Solche Fragestellungen wären nützlicher, als immer nur den Beweis dafür antreten zu müssen, daß Qualitätseinbußen durch fortwährend raffiniertere chemische Aufbesserung und durch Biotechnologie nach dem neuesten Stand wissenschaftlicher Erkenntnis nicht nachweisbar sind. Was letztlich aber not tut und vorerst auch hinreicht, ist die Erarbeitung eines ganzheitlichen Qualitätsbegriffs, der einen objektiven Wert der Nahrung ebenso berücksichtigt wie die subjektiven Bedürfnisse des Verbrauchers.

## 2 Gibt es Qualitätsmaßstäbe für die Nahrung?

### Nicht alles, was notwendig ist, reicht aus

Daß man bereits im Mittelalter und noch früher sorgfältig auf die Qualität achtete, zeigen die damals harten Urteile gegen Brunnenvergifter, Milchpanscher und Aufbesserer des Brotgewichts. Erst im 18. Jahrhundert, im Zuge der industriellen Revolution, wurde es notwendig, die Qualitätsfrage neu zu stellen. Unsere Vorfahren mußten zu dieser Zeit nicht nur rasch die Städte ausbauen, um Platz zu schaffen für die arbeitenden und vergnügungswilligen Pioniere eines neuen Zeitalters. Überdies sahen sie sich mit einem wachsenden Lebensmittelbedarf konfrontiert, der nicht mehr allein durch den Nachschub vom Landwirt zu decken war.

Erfindungsreich, wie die Menschen schon immer sind und zu jener Zeit zweifellos auch waren, erkannten die ersten Lebensmittelexperten ihre Chance: Sie vermischten besonders begehrte Genußmittel mit minderwertigen Produkten und ließen sich diese »Streckung« der Produkte so bezahlen, als ob sie nicht stattgefunden hätte. Gelegentlich ist es zweckmäßig, die Leistungen zu prüfen, die in Rechnung gestellt werden. Es lohnt sich aber immer, über jene Dienstleistungen nachzudenken, die nicht auf der Rechnung stehen.

Das erkannten auch die Wissenschaftler des späten 18. Jahrhunderts: Verfälschungen in Lebensmitteln nachzuweisen, wurde zur Kernfrage der Untersuchungen schlechthin. Die ersten wissenschaftlichen Zeitschriften »*Society of Public Analysts*« (1874) und »*The Analyst*« (1876) dienten dem Erfahrungsaustausch mit dem Ziel, den Panschern auf die Sprünge zu kommen. Bis heute hat sich an den Zielsetzungen beider Lager wenig geändert, wenn auch die

Methoden wesentlich raffinierter geworden sind. Die Aufbesserer der Nahrung haben inzwischen gelernt, wissenschaftliche Zeitschriften zu lesen. Umgekehrt sind Wissenschaftler bereit, an der Veredelung von Lebensmitteln mitzuwirken, ohne ihre Dienstleistungen explizit auf die Rechnung zu setzen.

Die Qualitätskontrolle, die als Schutzmaßnahme für den Verbraucher damals notwendig wurde und sich heute als zunehmend notwendig, aber nachlassend hinreichend erweist, besteht im qualitativen und mengenmäßigen Nachweis von Fremdstoffen in Lebensmitteln. Für gesundheitsschädliche Beimischungen gilt jetzt eine »Höchstmengenverordnung«: Solange jede der Einzelkomponenten einen definierten Betrag nicht überschreitet, wird die Qualität so eingestuft, als ob es eine solche Beimengung nicht gäbe.

Die Qualität der Bürger nach deren stofflicher Zusammensetzung zu beurteilen bedeutete, die Mitmenschen nur schwer voneinander unterscheiden zu können. Klare Abgrenzungen zeigten sich nur gegenüber Robotern, Poltergeistern, Marsmenschen und grünen Ufo-Männchen. Bis auf extreme Fälle, wie die Angabe des Zuckergehalts oder des Alkoholspiegels, würde der Katalog unserer Inhaltsstoffe aber wenig nützen, nicht einmal bei Datenerhebungen oder für die Bewerbung um eine Stelle als Qualitätsforscher.

Andrerseits – sozusagen im gegensätzlichen Extremfall – haben Merkmale wie »Persönlichkeit« und »Ausstrahlung« durchaus Bedeutung, wie Psychotests zeigen. Sie setzen aber eine so ungemein fundierte Kenntnis über die Erziehung, den Werdegang, menschliche Zusammenhänge und Schlüsselerlebnisse des Betroffenen sowie ein tieferes Verständnis von Erbinformationen voraus, daß es niemals möglich sein wird, ein »objektives« Bild zu gewinnen.

Mit anderen Worten: Bei der Menge aller Eigenschaften, die ein Lebewesen beschreibt, haben wir die Wahl zwischen wissenschaftlich exakt faßbaren Daten, die sich als relativ belanglos erweisen, und äußerst komplexen Netzwerken von nicht mehr exakt nachweisbaren Wechselwirkungen und Bezügen, die wichtig sind, aber beim besten Willen kein objektives Urteil zulassen. In einem solchen Dilemma befindet sich die *Qualitätsanalyse.*

Deshalb ist es naheliegend, ja sogar notwendig, sich immer nur auf Teilaspekte einer an sich ganzheitlichen Qualität, also auf ihre Eignung für bestimmte einzelne Zwecke, zu beschränken. Qualität als Menge aller relevanten Signale eines Objekts wird aber hierbei reduziert auf die verschiedenen Angaben darüber, wie vorzugebende Aufgaben erfüllt werden oder erfüllbar sind.

So haben die eineiigen Zwillingsbrüder Emil und Gustav nach allgemeinem Dafürhalten relativ gleiche oder ähnliche »Qualitäten«. Dennoch kommen die Vorgesetzten zu gegensätzlichen Urteilen, wenn Emil als Bomberpilot, Gustav dagegen als Zivildienstler beim Militär eingesetzt werden. Mit der Zersplitterung des Qualitätsbegriffs in einzelne, untergeordnete Merkmale verliert sich die Rechtfertigung, von Qualität zu reden, zugunsten einer zweifelhaften Angabe über die Zweckmäßigkeit.

Redlicherweise sollte man deshalb auch bei der Nahrung nicht allgemein von »Lebensmittelqualität« sprechen, wenn in Wirklichkeit nur die Eignung für einen jeweils bestimmten Zweck gemeint ist. Das ist nicht nur eine Definitionsfrage. Wüßte der Verbraucher nämlich möglichst genau, für welchen Zweck die »Hochwertigkeit« eines bestimmten Produkts ausgewiesen ist, könnte er wesentlich sicherer die richtige Auswahl treffen. Beispielsweise täuscht die Einteilung in »Handelsklassen« oder »Güteklassen« leicht darüber hinweg, daß es hier in Wirklichkeit nur um die Wirtschaftlichkeit von Verpackungen geht.

Solange Lebensmittel nicht verschreibungspflichtig sind, kann man davon ausgehen, daß ihre Qualität nicht von den Inhaltsstoffen allein bestimmt wird. Daran ändern auch dezente Hinweise auf die Zugabe von Zusätzen oder auch die Unterlassung des Zusatzes bestimmter Inhaltsstoffe nichts. Bis heute ist ungeklärt, in welchem Ausmaße die Qualität der Nahrung durch Fremdstoffe beeinflußt wird. Solange Chemikalien der Nahrung zugesetzt werden, erhöht sich das Risiko verminderter Qualität, während die Verhinderung des Zusatzes einzelner Stoffe noch lange keine Garantie für höhere Qualität sein muß. Die Höchstmengenverordnung liefert deshalb unbedingt notwendige, aber keineswegs hinreichende Qualitätsleitwerte. Es gibt auch solche, die weder hinreichend noch notwendig sind, wie im folgenden dargestellt wird: die Eignungswerte.

## Qualität, die nicht hält, was sie verspricht

Angenommen, Sie beißen in einen Apfel und stellen fest: der schmeckt genauso wie eine saure Gurke, dann fühlen Sie sich zuerst veräppelt und wissen nicht, ob Sie lachen sollen oder ob Sie sich über die Täuschung ärgern, dem Händler die Hölle heiß machen oder sofort eine Menge dieser Äpfel nachkaufen sollen, um den Scherz mit Freunden und Bekannten zu wiederholen. Nicht ganz so überraschend verläuft unsere tägliche Nahrungsaufnahme, aber kurioserweise verdanken wir die »Naturbelassenheit« der Kost immer mehr der Sorgfalt von Lebensmittelingenieuren. Diese lernen mit wachsender technischer Perfektion in der Herstellung von Mixturen, den arteigenen Geschmack zu erhalten oder gar zu verstärken.

Die Lebensmittelindustrie geht nach jahrelangen, nicht unberechtigten Bedenken gegen die Verwendung von Chemikalien aus der Retorte neuerdings der folgenden Strategie nach: die in der Nahrung natürlich vorhandenen Substanzen, die den Genußwert erhöhen, werden angereichert, andere, die die Frische günstig beeinflussen, zugefügt, wieder andere, die den Verkauf der Ware fördern, gezielt verstärkt oder beigemischt, jene aber, die nutzlos erscheinen, soweit es geht herausverdünnt. Wenn es vorteilhaft erscheint, rückt man dabei auch dem Erbgut zuleibe (Kerbusk 1993).

Dieses unter dem Schlagwort »*Lebensmittelfunktionalität*« betriebene Vorgehen erinnert an Optimierungsprozesse, die die Natur bekanntlich selbst verfolgt. Warum sollten Lebensmittelchemiker, mit höherem Sachverstand ausgerüstet, diese Optimierung nicht noch besser vornehmen können als eine zwar erfahrene, aber rücksichtslose Natur, die weder nach den Strukturformeln biochemischer Verbindungen noch nach den Bilanzen beflissener Konzerne fragt. Und was sollte gegen eine natürliche Vorgehensweise überhaupt einzuwenden sein? Der Verbraucher kann sich angesichts der Not auf unserem Globus glücklich schätzen, preiswerte Angebote hochqualitativer Lebensmittel vorgesetzt zu bekommen, die trotz Beigaben oder intelligenter Anreicherungen niemals schädlich sein können, befinden sich doch alle verwendeten Substanzen ohnehin in der natürlichen Nahrung oder innerhalb »natürlicher« Schranken.

Es bleibt scheinbar gefahrlos, wenn Stoffe, die sich als nützlich erweisen, von einem Lebensmittel in jedes beliebige andere wandern. Im Gegenteil: es vervielfacht das Spektrum des Angebots. Lebensmitteltechnologie 2000: Die genetisch manipulierte Sojabohne, die im Paket »Schweinehaxe mit Sauerkraut und Klößen« verkauft werden kann. Die Bild-Zeitung bemüht sich stets, den Verbraucher auch über die neuesten Errungenschaften der Ernährungswissenschaften zu informieren. So wird am 10. April 1992 unter der Überschrift »Hühnerbrust schmeckt bald nach Steak« gemeldet, daß es dem US-Tierphysiologen Arthur Spanier erstmals gelungen sei, die Eiweißverbindung BMP (Beefy meaty peptide) nachzubauen, die für den Geschmack von Rindfleisch verantwortlich sei.

Welche fürsorgliche Mutter freut sich nicht, wenn ihr Baby großen Appetit auf bestimmte gute Kost verspürt und nach der Mahlzeit richtig happy wirkt? Wenn sie wüßte, daß sie das gelegentlich der Anreicherung natürlicher Exorphine (oder Endorphine) in der Babynahrung verdankt, könnte sie höchstens noch das Wort »Exorphine« verwirren. Wissenschaftlich sind solche Maßnahmen nämlich absolut »unbedenklich«, denn was die Natur selbst tut – bisweilen Endorphine anzureichern –, kann nach allen Regeln des gesunden Menschenverstandes und der Logik nicht riskant sein.

Die Reichhaltigkeit des natürlichen Zusatzangebots unterstreicht eher den Erfolg dieser Strategie, als daß sie ihn in Frage stellt. Die bekannte Katalyse-Umweltgruppe in Köln, die seit Jahren den Zusatzstoffen in Lebensmitteln auf der Spur ist – so unter anderem

publiziert in: »Was wir alles schlucken« (Hamburg 1985) –, unterteilt die Beimengungen in vier Klassen, nämlich solche, die
1. die industrielle Verarbeitung der Lebensmittel vereinfachen,
2. die Lebensmittel stabilisieren sollen,
3. Mangelerscheinungen vorbeugen,
4. den Genußwert erhöhen.

Allein zur 1. Gruppe, die ausschließlich die Wirtschaftlichkeit der Nahrungszubereitung erhöht, gehören Substanzen wie
- Schmelzsalze, die Fette, Eiweiße und Wasser einheitlich vermischen,
- Backtriebmittel, die die Backwaren lockern,
- Kutterhilfsmittel, die Wasser binden,
- Teigkonditionierungsmittel, die den Teig besser verarbeiten lassen,
- Säureregulatoren, die den Säuregrad von Wein, Trinkwasser oder Stockfisch einstellen lassen,
- Klärhilfsmittel, die Trübteilchen in Getränken abscheiden,
- Trennmittel, die Süß- und Backwaren aus Gußformen trennen,
- Filterhilfsmittel, die Weine und Biere glanzhell von Rückständen abtrennen,
- Enzyme, die Inhaltsstoffe in gewünschte Produkte umwandeln,
- Mikroorganismen, die wie Heinzelmännchen Lebensmittelbestandteile wunschgemäß herstellen oder auch verändern,
- Bleichmittel, die Fischkonserven, Stärke, die Schale von Walnüssen oder Gelatine entfärben,
- alkalisch wirkende Stoffe, die neben der Konservierung auch die Geschmacksnote von Laugengebäck aufbessern.

Die Liste kann fortgesetzt werden. Am Beispiel des täglichen Brotes (Pollmer 1991) wollen wir uns über den modernsten Stand der Qualitätsoptimierung informieren: Aus dem »Backpulver« von einst sind inzwischen zirka 100000 Tonnen Backmittel geworden, die die Deutschen jährlich neben den Grundstoffen Mehl, Wasser und Hefe mitverzehren. Schon längst weiß der Bäcker nicht mehr, welche Mittel mit welchen Langzeitwirkungen den Fertigmischungen zugesetzt sind, die er täglich bequem und schnell verarbeitet, und das ehemalige Bundesgesundheitsamt stand auf dem Standpunkt, es würde den Verbraucher mehr verwirren, ihm die inzwischen unübersichtlich gewordene Liste von Zusätzen im Brot anzugeben, als sie ihm hilfsbereit zu verschweigen. Aus einem Fundus von 1000 Feinchemikalien läßt sich nach Herzenslust zum Beispiel

- mit braunem Zuckerkulör der Roggencharakter oder der Vollkorneindruck verstärken oder vortäuschen,
- die Härte des zugesetzten Wassers mit Calciumcarbonat regulieren und damit der Teig knetbarer machen,
- mit Stoffen wie Sorbinsäure oder Calciumsorbat die Schimmelbildung verhindern und so eine längere Haltbarkeit erreichen,
- die Farbe frisch und natürlich halten mit Chemikalien wie Schwefeldioxid oder einigen Disulfiten,
- der Natursauer durch Essigsäure ersetzen,
- durch Milchsäure der Geschmack von Weizenbroten abrunden,
- mehr Wasser in den Teig einarbeiten, so daß das Gebäck schwerer wird, beispielsweise mit Ascorbinsäure,
- mit Lecithin die Krume zart mürben,
- mit Citronensäure gleichzeitig Schneidbarkeit und Haltbarkeit verbessern,
- mit Kaliumtartrat die Säuerung verfeinern,
- mit Natriumorthophosphat der Teig standfester machen,
- Käfer- und Mottenschutz kombinieren, mittels der Verbesserung des Hefewachstums durch Calciumorthophosphat,
- mit Carboxymethylcellulose das Altbackenwerden verzögern,
- mit Mono- und Diglyceriden von Speisefettsäuren das Volumen vergrößern und gleichzeitig Frosterfreundlichkeit erreichen,
- mit Maltol das Backaroma verfeinern,
- eine ansprechende Bräunung mit Candelillawachs erzielen,
- Volumen, Krustenbräunung, Krumenzartheit und Geschmack mit Amylasen aufpolieren und
- mit Stoffen wie Monostärkephosphat oder Stärkeacetat auf tiefgefrorenen Waren »ofenfrischer« Glanz hervorzaubern.

Diese Beispiele sollen genügen. Das Bäckerhandwerk hat sich zum Zweig einer Wissenschaft entwickelt, die nicht nur erhöhte Allergieanfälligkeit bei Bäckern und Konsumenten in Kauf nimmt. Sie entpuppt sich mehr und mehr als interdisziplinärer wissenschaftlicher Randbereich zwischen Lebensmittelchemie und Pharmakologie. Da aber niemand weiß, welche Langzeitwirkungen zwar nur schwach dosierte, aber dafür beliebig viele natürliche Beimengungen nach sich ziehen, bleibt unklar, ob man sich darüber freuen soll, nach unvergessenen Notzeiten heute ein reichhaltiges und vielfältiges Angebot preisgünstiger Nahrung in den Regalen vorzufinden, oder ob wir nicht vielleicht dieses Schlaraffenland mit der Erschlaffung des gesunden Appetits, der uns vor natürlichen Schäden bisher bewahren konnte, bezahlen, mehr noch: mit der Verwirrung unseres Verdauungssystems, mit der Einbuße an Vitalität bis hin zur Konzentrationsschwäche und der Verworrenheit des Geistes.

## Genuß ohne Qualität

Seit gut 2000 Jahren streiten die Philosophen darüber, ob der wahre Genuß darin besteht, ihn voll auszuschöpfen (Hedonismus) oder auf ihn gänzlich zu verzichten (Askese). Bis heute hat sich diese Schaukelei zwischen Gänsebraten und Fastenkur erhalten, ja sogar zu einer neuen genialen Variante entfaltet: Dadurch, daß der Geschmack der Lebensmittel mit Verstärkersubstanzen, Aromastoffen, Farb- und Konsistenzmitteln bis hin zu Psychopharmaka »vollendet« oder ersetzt wurde, weiß der Verbraucher nicht mehr, ob er der Völlerei verfallen ist oder in Wirklichkeit zu den Asketen gehört.

Neben den vielen unnötigen und auch nicht hinreichenden Eignungswerten zur Qualifizierung der Nahrung, die als Gütekriterien allein nur für den Lebensmittelhändler, kaum aber für den Verbraucher wesentlich sind, bedenkt die Industrie aber sehr wohl auch noch die Bedürfnisse des Kunden. Ziel ist es,

- die »natürliche« Frische soweit wie möglich zu erhalten,

- den »natürlichen« Geschmack täuschend ähnlich nachzuahmen oder gar zu übertreffen,
- den »natürlichen« Geruch auch dann noch aufrechtzuerhalten, wenn das System »Lebensmittel« unter natürlichen Bedingungen schon längst verfault und von Verwesung befallen wäre,
- das Aussehen so appetitlich wie möglich zu gestalten, so daß man am liebsten sofort zubeißen möchte und es kaum noch abwarten kann, die Entlarvung des biochemischen Husarenstreichs in den Dunkelräumen seines Verdauungstraktes zu erleben.

Ich rede nicht von Betrug. Im Wechselspiel einer pluralistischen Gesellschaft sollte alles erlaubt sein, was nicht einengt. Schließlich kann jeder, dem das nicht paßt, selbst Brot backen und sein eigenes Süppchen kochen. Unfair erscheint aber schon, daß man als Normalverbraucher heute mehr und mehr gezwungen ist, mit dem Biochemie-Lexikon oder der Auflistung der Basensequenzen der Chromosomen unter dem Arm einzukaufen, um sich richtig zu ernähren, oder – in anderen Bereichen des täglichen Lebens – mit »1000 legalen Steuertricks« im Kopf den Finanzbehörden zu trotzen, sich einen guten Juristen zu halten, um dem Kadi keine Blößen zu geben, und ein Buch über Lebensmittelqualität zu schreiben, um sich Gehör zu verschaffen. Woran liegt das?

Die Eignungswerte für Nahrungsmittel, wie Ertragsmenge, Klasseneinteilung, Konservierungsfähigkeit, Transport-, Lager- und Verarbeitungsfähigkeit, Ergiebigkeit und Verdauungswert sind auch für Bürokraten so wenig definiert wie ihre Genußwerte (Frische, Aussehen, Flair).

Aber eben am Fehlen dieser objektiven Qualitätsmaßstäbe liegt es: Wir müssen Klarheit schaffen darüber, was wir eigentlich wollen. Die vollständige Liste aller Beimengungen und Verarbeitungsmethoden für Lebensmittel sollte wirklich erklärt werden, zusammen mit der Liste all der Wirkungen und möglichen Nebenwirkungen. Der Preis würde so nicht sonderlich steigen, dafür aber der Kunde tatsächlich über das aufgeklärt, was er einkauft, und über die Risiken, die er eventuell in Kauf nimmt.

Lassen sich die sogenannten »Verbraucherschutzverbände« einlullen, oder sind sie nicht genügend informiert? Erfüllen sie nur Alibifunktion im abgekarteten Spiel zwischen Parlamentariern und einer profitsüchtigen Lebensmittelindustrie? Oder fehlt es in unserer Gesellschaft ganz allgemein an Aufklärungsbedürfnis?

Sind wir, wie Eva Kapfelsberger und Udo Pollmer in ihrem Buch »Iß und stirb« (Köln 1983) schreiben, allesamt Frösche, die in einem verdächtig langsam aufgeheizten Gewässer schwimmen und deshalb niemals die Kraft finden, herauszuhüpfen, selbst wenn es schon kocht? Oder ist die Angelegenheit im Grunde genommen völlig harmlos und nur beliebtes Diskussionsthema von Angstmachern, Profitgeiern auf der ideologischen Seite des Meinungsspektrums oder falschen Propheten?

Wir wissen es nicht. Deshalb ist es notwendig, objektive und ganzheitliche Maßstäbe für die Nahrungsqualität zu finden, die uns erklären können,
- worin der Unterschied zwischen einem natürlich frischen Salat und dem auf künstliche Weise frisch erhaltenen Salat besteht,
- welche Konsequenzen die Manipulation der natürlichen Haltbarkeit, des natürlichen Aussehens, der Farbe und der sensorischen Eigenschaften, wie Geruch und Geschmack, nach sich ziehen.

Notwendig dafür ist es, nicht nur zu wissen, was Lebensmittel sind, sondern vor allem, was »Leben« selbst bedeutet.

## »Maschine« Mensch?

Falls man die »Vitalität« eines Menschen beurteilen müßte, dürfte seine Widersprüchlichkeit eher ein Maß *für* seine Lebendigkeit sein, als dazu veranlassen, ihn für tot zu erklären. Die Unberechenbarkeit unterscheidet das Lebewesen vom Roboter. Sie erst macht das Leben einmalig und eigenartig, wenngleich gelegentlich auch schwierig.

Die Zielsetzung der Wissenschaft, vorherbestimmbare und wiederholbare Elemente des Lebens zu erkennen, mag manchem nicht erreichbar erscheinen. Dennoch lohnt es sich, die Resultate solcher Bemühungen anzusehen und das Beste daraus zu machen. Einer der ersten, der versuchte, Welt und Leute »rational« zu erfassen, und der auch als Begründer der modernen Wissenschaft schlechthin gelten kann, war der französische Mathematiker und Philosoph René Descartes. Er lebte von 1596 bis 1650, gelegentlich in strenger Zurückgezogenheit, so in einer Wohnung in Paris, dann aber auch als Soldat im Dreißigjährigen Krieg, allein nur, um Welt und Menschen gründlich kennenzulernen.

Ähnlich widersprüchlich und deshalb vital – bei weitem nicht notwendig falsch – sind seine teilweise bahnbrechenden Ansichten, angesiedelt zwischen tiefer Religiosität und Gottvertrauen einerseits und grüblerischem Selbstzweifel, verbunden mit haarscharfer logischer Schärfe und unerbittlicher analytischer Strenge andrerseits. Letzteres vor allem hat ihn dazu bewegt, allein nur in der Wissenschaft den Fortschritt und die technischen Mittel für Arbeitserleichterung bis hin zur Selbstverwirklichung des Menschen zu erkennen. Von ihm geprägt, folgt die Wissenschaft – darunter natürlich auch die Lebensmitteltechnologie – noch heute einigen Regeln seiner Methode des richtigen Vernunftgebrauchs:

- Vermeide alle Vorurteile und erkenne nur das als wahr an, was sich klar und deutlich nachweisen läßt,
- zerlege die Probleme soweit als möglich in Einzelteile,
- schreite vom einfachsten Objekt gleichsam stufenweise zum komplizierten voran,
- sichere die Vollständigkeit des Systems durch Aufzählung.

Würde heute die Anzeigepflicht für Veränderungen der natürlichen Lebensmittel konsequent eingehalten, würde die Industrie den cartesianischen Maximen in voller Weise genügen.

Begonnen aber hat es damit, daß beim Abbau aller Vorurteile und der Beschränkung auf das, was klar und deutlich nachweisbar ist, der Mensch sich scheinbar nicht mehr von einer Maschine unterscheiden läßt. Descartes hätte hier freilich bereits protestiert, denn eine Maschine kann nicht zweifeln. Und das Denken im Sinne des Zweifelns war für Descartes die sicherste Evidenz der Existenz.

Aber als man die Parallelität des Menschen mit der Dampfmaschine erkannte – im übrigen lange Zeit nach Descartes –, waren die Selbstzweifel der Wissenschaftler zugunsten der Fortschrittsgläubigkeit ausgeräumt. Die Einfachheit des Systems Dampfmaschine ist bestechend und so verlockend, daß sie im Sinne Descartesscher Analytik als Prinzip des Lebewesens erschien: Sie wird mit *Energie* gespeist und verrichtet *Arbeit*. Ein Teil der Verlustenergie wird als Wärme abgegeben. Noch heute sieht man das so, gewiß, mit einigen Variationen, die der Komplexität moderner Maschinen, nicht unbedingt aber der des Lebens gerecht werden.

Der Treibstoff (Nahrung) für den Menschen dient nach diesem Modell den folgenden drei Funktionen:

1. der Zufuhr notwendiger Energie für innere und äußere Arbeit, wie Herzschlag beziehungsweise Kontraktion der Muskeln,
2. der Sicherung notwendiger Substanzen für das Zellwachstum,
3. der Wärmeregulation.

»Guter« Treibstoff erfüllt diese Aufgaben optimal, zeichnet sich dann durch eine hohe »ernährungsphysiologische« Qualität aus. Um es klarzustellen: Dieser Standpunkt muß nicht falsch sein. Er könnte sich aber sehr wohl als unzureichend erweisen.

Es geht kein Weg daran vorbei: Wenn jemand einen Zentner Zement 30 Meter hochtragen will – das ist die stattliche Höhe eines Kirchturms –, dann muß er mindestens ein Gramm Fett verbrennen, oder zirka 2 Gramm Proteine, oder ersatzweise 10 Gramm Kohlehydrate. Die tägliche Menge von zirka 2000 Kilokalorien, die der Erwachsene benötigt, reicht immerhin aus, um etwa 200 Zentner Zement auf den 30 Meter hohen Kirchturm zu schleppen, vorausgesetzt, er trägt die Säcke einzeln: sein eigenes Gewicht, das wir mit etwa achtzig Kilo veranschlagen, muß er ebenso anheben. Angenommen, er schafft diese Schwerarbeit, nämlich vier Lastkraftwagen mit je 50 Zentnern Zement abzuladen und auf den 30 Meter hohen Turm zu tragen, sagen wir, in einem Tag, dann hat er vergleichsweise nicht mehr geleistet als eine seiner Glühbirnen, die er möglicherweise abzuschalten vergessen hat. Eine Vielfalt von verwegenen Schlußfolgerungen läßt sich aus diesem Sachverhalt ziehen:

- Lohnt es sich überhaupt, sein Übergewicht ehrlich abzuarbeiten? Fünf Kilo Fett zuviel zwingen uns, 5000 Zentner Zement (zirka 100 LKWs) abzuladen und jeden einzelnen Sack 30 Meter hochzuschleppen. Dafür müßte man für vier Wochen schweren Arbeitsurlaub nehmen.
- Sollen wir uns nicht lieber freuen darüber, welche enormen Arbeitsreserven schon mit einer spärlichen Mahlzeit aufgenommen werden?
- Konnte es der Sinn der biologischen Evolution sein, uns als Energiemaschinen zu gestalten, die es dann noch nicht einmal mit einer einfachen Glühbirne aufnehmen können?

Bleiben wir aber erst bei den anderen Aufgaben, die nicht – wie körperliche Arbeit, Herzschlag und Blutkreislauf, Darmbewegung, Stofftransport, Resorption und Motorik – rein energetisch, wie die Funktion einer Dampfmaschine, verstanden werden können.

Eines der größten »Wunder« der Natur, das oft unterschätzt oder verkannt wird, ist wohl die Tatsache, daß die hohen Zellverluste von Lebewesen – im Menschen sterben etwa 10 Millionen Zellen pro Sekunde ab – stets sowohl im korrekten »Timing« als auch mit submolekularer Präzision genau ausgeglichen werden, trotz eines Nahrungsangebots, das ungleichmäßig und lückenhaft fließt und oft noch nicht einmal annähernd passende Bausubstrate – wie Proteine, Lipide, Enzyme, Nukleinsäuren, Vitamine – nachliefert, Bausteine, die nötig sind, um die gesamte Substanz jeder fehlenden Zelle zu kopieren.

Mit erstaunlicher Genauigkeit versteht es der Organismus, zeitliche Schwankungen im Nahrungsangebot auszugleichen und aus einem Puzzle passender und unpassender Substrate jene auszuwählen oder umzubauen, die er braucht, um jede abgestorbene Zelle so präzise nachzuliefern, daß die vom Menschen geschaffene

Technik demgegenüber als Stümperei erscheint. Wäre die Wachstumsrate der Zellen des Darms nur um wenige Prozente erhöht, stürbe der Mensch innerhalb einiger Tage an Darmverschluß. Dieses trotz hoher Zellverlustrate perfekte Reproduktionsvermögen des menschlichen Organismus verwendet etwa die Hälfte der aufgenommenen Nahrung als Bausubstanz.

Jene erstaunlich präzise Selbstherstellung biologischer Struktur empfindet auch die Lebensmittelchemie als so verwirrend, daß sie lediglich empfiehlt, dem Körper möglichst passend eben die Substrate zuzuführen, die er zum Ausgleich der Zellverlustrate benötigt, so zum Beispiel Proteine, Lipide, Nukleinsäuren, Vitamine in stets ausgewogenen Verhältnissen. Aber selbst darüber läßt sich streiten: Bekanntlich verkümmern biologische Fähigkeiten, wenn sie nicht gefordert werden. Man weiß zwar nicht genau, ob diese hohe Identitätskraft der Lebewesen, eine Art »Selbstbewußtsein«, tatsächlich immer auch Trainingseinheiten benötigt. Sicher ist nur, daß sich eben diese Funktion auch überfordern läßt, so bei Mangelerkrankungen, die durch längeren Ausfall »essentieller« Baustoffe und Hilfsstoffe auftreten.

Bekannt ist beispielsweise, daß der Mangel an Vitamin C, der auf Seefahrten unserer Vorfahren gelegentlich auftrat, zu Krankheiten (wie Skorbut) führte. Heute kennt man alle Mangelerscheinungen, die beim Ausfall »essentieller« Substanzen in der Nahrung auftreten. Weniger gut bekannt sind die Langzeitwirkungen von Überschüssen, zu denen wir täglich in Form von Stärkungsmitteln, Vitaminpräparaten oder »natürlichen« Zusatzstoffen in der Nahrung verleitet werden. Glücklicherweise läßt sich unser Organismus innerhalb eines breiten Toleranzbandes nur schwer irritieren.

Vielleicht ist es aber auch gar nicht so optimal, wenn wir stets nur den Regeln der Ernährungsphysiologie folgen. Der gesunde Appetit nimmt jedenfalls wenig Rücksicht darauf. Descartes hätte einer so ketzerischen Hypothese zugestimmt: »Bei Durstgefühl ist es mit hoher Wahrscheinlichkeit günstig zu trinken.« Fragt sich nur noch, was.

## Warum wir uns beim Essen wohl fühlen

Was von der Lebensmittelchemie heute noch eher als »Abfall« eingestuft wird, könnte sich eines Tages als entscheidend für die Beurteilung der Lebensmittelqualität erweisen: die *Wärme*, die der Organismus produziert. Zwar wünscht man bei der Dampfmaschine, wenn überhaupt, nur geringe Wärmeentwicklung. Auch bei modernen Arbeitsmaschinen ist man froh, wenn möglichst wenig Energie in Form von Wärme verlorengeht.

Völlig vermeiden läßt sich die Wärmeproduktion aber in keinem Fall. Je geringer sie ist, um so höher liegt bekanntlich der »Wirkungsgrad« der Arbeitsmaschine. Aber, so schwer es fällt, den Aufbau körpereigener Substanz im Descartesschen Sinne auf das einfache Beispiel einer technischen Maschine zurückzuführen, so falsch ist die Ansicht zu glauben, die Wärmeproduktion des Menschen habe ihr Analogon in den unvermeidlichen Wärmeverlusten von Kraftmaschinen.

Einräumen muß man zwar, daß etwa der dritte Teil der aufgenommenen Energie in Form von Wärme abgegeben wird, insbesondere als Wärmestrahlung. Es kann dennoch nicht stimmen, diese Verluste als Zeichen eines geringen Wirkungsgrades zu werten. Der Wirkungsgrad vieler Einzelfunktionen des Organismus, zum Beispiel der Muskelarbeit, liegt über 95% und ist damit wesentlich höher als der von Kraftmaschinen (30–80%) und auch viel höher als der Wirkungsgrad, den man nach der Bestimmung der Wärmeproduktion für den Gesamtorganismus errechnen würde (um 60%).

Im Gegensatz zur Hitzeentwicklung bei den meisten technischen Maschinen erfüllt die Wärmeabgabe der Lebewesen eine wichtige regulierende Funktion, die niemand in Frage stellt: trotz äußerer Temperaturunterschiede zwischen etwa –50 °C in manchen Gegenden der Erde (zum Beispiel in Sibirien) und +50 °C, zum Beispiel in Indien, kann der Mensch seine Körpertemperatur bei zirka 37 °C stabil halten. Jede Störung dieser Wärmeabgabe – die im Gegensatz zur Arbeitsleistung ununterbrochen funktioniert – kann »Schüttelfrost« oder Fieber hervorrufen. Es wäre also falsch, diese notwendigen Wärmeverluste mit denen einer Thermosflasche zu vergleichen, die innen versilbert ist, um die Strahlungsabgabe zu vermindern, und aus isolierendem Material besteht, um die Wärmeleitung nach außen gering zu halten. Man muß im Gegenteil fragen, welchem Zweck der Luxus dient, einen Großteil der aufgenommenen Nahrung als Wärme abzugeben.

Der Organismus vermag die Wärmeleitung sowie den Wärmeaustausch mit der umgebenden Luft (Konvektion) und die Verdunstung den Umgebungsbedingungen anzupassen, während andrerseits der Großteil der Wärmeabgabe durch Strahlung sich nur wenig verändert. So bleibt die Körpertemperatur in der 90 °C heißen Sauna dadurch konstant bei 37 °C, daß der Schweiß, der durch die Poren nachfließt, eben gerade jene Wärme zur Verdunstung benötigt, die der Hauptoberfläche entzogen werden muß, damit sie ihre physiologische Temperatur aufrechterhalten kann. Die Regulation erfolgt also über einen Referenzabgleich (im Vergleich mit einem festen Bezugspunkt), der die Körpertemperatur einbezieht. Insofern kommt der Wärmestrahlung, die als einzige Größe im Mittel konstant bleibt, eine besondere Rolle in der Regulation zu.

Wer in der Sauna Tropfen für Tropfen seines Körperwassers an die Luft abgibt, macht sich auch selten klar, daß er die Unordnung seiner Umgebung erhöht, um seine eigene Ordnung aufrechtzuerhalten.

Für den Physiker ist der Begriff »Entropie« ein Maß für die »Unordnung« eines Systems. Er gibt an, wie viele Möglichkeiten eines vorgegebenen Raumes wirklich genutzt werden. Das Baby des Herrn Professor Meyer, das in seinem Laufgitter alle Spielsachen rundum verstreut, nutzt die Möglichkeiten seines Raumes wesentlich besser aus als der Vater, der sein Lexikon Band für Band, geordnet nach dem Alphabet, in festen Positionen des Bücherregals aufstellt. Man sagt deshalb, das Kind sei unordentlicher als sein Papa. Die Entropie im Laufgitter ist höher als die im Bücherregal, falls die Mutter nicht eingreift.

So ist auch die Unordnung des Wasserdampfs wesentlich höher als die der entsprechenden Menge Körperwasser, da die Wasserteilchen in Dampfform den Raum diffuser ausfüllen, als wenn sie als Flüssigkeit im Körper vorliegen. Die Entropiezunahme in der Umgebung bei der Verdunstung steigt mit der Wärmemenge, die dem Körper entzogen wird. So kann dieser seine vergleichsweise niedrigere Temperatur aufrechterhalten. Die Temperatur beizubehalten, heißt so aber auch, den Ordnungszustand aufrechtzuerhalten.

Lebewesen verfügen also über die eigentümliche Fähigkeit, ihren Ordnungszustand zu stabilisieren. Sie erreichen dies durch Entropieproduktion, also zum Beispiel Wärmeabgabe an die Umgebung. Die Wärme-»Verluste« sind folglich eher der Ausdruck ihrer Bemühungen, die eigene Ordnung zu hüten, als wirklich echte Verluste, wie sie bei technischen Maschinen auftreten. Das zeigt zugleich auch den engen Zusammenhang zur Bereitschaft von Lebewesen, hohe Zellverluste zu erleiden und diese dann mit phantastischem »Selbstbewußtsein« wieder auszugleichen.

Die Produktionsrate körpereigener Substanz hängt auch tatsächlich empfindlich von der Temperatur ab. Dabei gilt die Faustregel, daß sich die Reaktionsgeschwindigkeit biochemischer Umsetzungen bei einer Temperaturerhöhung um 10 Grad verdoppelt. Bedenken wir, daß in jeder Zelle etwa hunderttausend chemische Reaktionen pro Sekunde ablaufen und daß der Mensch aus 10 Billionen Zellen besteht, dann kann man sich vorstellen, wie wichtig es ist, die Körpertemperatur zu stabilisieren, und sei es nur deshalb, um die Biochemie nicht empfindlich zu stören. Denn bereits 1 Grad Temperaturerhöhung ändert die Reaktivität um 10 Prozent, bei 10 Grad verdoppelt sich die Zahl chemischer Reaktionen, entsprechend der Verdopplung verfügbarer Photonen. Bei genauer Betrachtung kann jede chemische Reaktion überhaupt nur über die Wechselwirkung mit der Körperstrahlung ablaufen. Ohne Körperstrahlung wären wir ein inaktiver Molekülhaufen. (Ich werde diesen Punkt später noch genauer behandeln.) Es liegt daher nahe, zu fordern:

*Die Qualität der Nahrung läßt sich nur verstehen über ihre Auswirkung auf das Strahlungsfeld unseres Organismus. Hohe*

*Qualität bedeutet: die Nahrungsaufnahme verbessert die Ordnung des Systems, niedrige Qualität führt zu »Dissonanzen«. Das ist die Botschaft der Nahrung. Aber was ist »Ordnung«, »Dissonanz«, und wie läßt sich dieser Standpunkt noch besser begründen?*

Teil II

# Der Qualität der Nahrung auf der Spur

# 3 Die Suche nach der Ordnung von Lebensmitteln

## Schrödingers Katzen-Ordnung

Der riesige, zwanzig Meter lange und fast vier Meter hohe Lastkraftwagen, der sich durch die Hamburger Innenstadt Richtung Hafen quälte, fiel durch seine übervorsichtige Fahrweise auf. Am späten Nachmittag parkte er schließlich vor der Ladezone eines Dampfers, der unter indischer Flagge auch nach Indien auslaufen sollte. Aber erst in der Nacht wurden die tausend Kisten mit äußerster Vorsicht, nahezu geräuschlos und ohne jede Eile vom Lkw auf das Schiff umgeladen. Nachts sind alle Katzen grau ... Tatsächlich befand sich in jeder Kiste exakt je eine Katze oder ein Kater mit glänzendem Fell, nicht nur grau, sondern oft gefleckt, gelegentlich weiß, rot oder pechschwarz.

Kein Zweifel, daß alle diese Katzen aller möglichen Altersklassen kerngesund waren. Um so teuflischer erwies es sich, daß neben dem gewöhnlichen Futter und den Luftlöchern, die in den Käfigen angebracht waren, eine Zyankaliampulle an einem Faden über dem Futternapf hing. Diese wurde mit einer gewissen Wahrscheinlichkeit von der Pfote des Tieres erfaßt, im Napf zertrümmert und entleert. Das ahnungslose Tier, das daran leckte, war in Sekunden tot. Die Todesmaschine war so eingestellt, daß etwa die Hälfte der Tiere eine Chance hatte, Indien lebend zu erreichen.

Wir warnen ausdrücklich davor, diesen Tierversuch nachzumachen, obwohl das Experiment in eine der tiefsten Weisheiten der Erkenntnis einführt. Sie ist, wie in den nachfolgenden Kapiteln verständlich werden wird, auch für das Verständnis unserer Nahrung von elementarer Bedeutung.

Daß dieses »Gedankenexperiment« – und um ein solches handelt es sich glücklicherweise – von jemandem ausgedacht worden ist, der die Lebensmittelwissenschaften des nächsten Jahrhunderts revolutionieren wird, wissen bis heute nur wenige, und dann nur die extrem neugierigen Lebensmittelchemiker. Um möglichst vielen, insbesondere auch den vielen Betroffenen zu zeigen, daß es sich dabei um weitreichende Überlegungen zur »Ordnung« in unserem Leben handelt, sage ich zunächst nur, daß dieser potentielle Katzenmord von Erwin Schrödinger (1887–1961) ausgedacht wurde. Er hatte mit diesem makabren Szenario entscheidend Neues über Lebensmittel zu berichten. Schrödingers »Katze« hat viel mit unserer Ernährung zu tun, nicht nur deshalb, weil dieses Versuchstier Zyankali fressen muß.

Der Physiker aus Wien ist der Erfinder der weltberühmten »Schrödinger-Gleichung«, einer fundamentalen Gesetzmäßigkeit, die Aufbau und Ordnung mikroskopischer Materie beschreibt. Kein Wunder, daß heute täglich Legionen von Naturwissenschaftlern ihre Computer mit seiner Gleichung füttern, um zum Beispiel die Eigenschaften chemischer Verbindungen oder Kunststoffe, mit denen sie umgehen oder die sie entwickeln möchten, genauer zu verstehen. Erwin Schrödinger erhielt 1933 den Nobelpreis für Physik. Als einer der größten Geister unseres Zeitalters hatte er auch die Fähigkeit, über die Physik hinauszudenken, und das so erfolgreich, daß sich die Lebensmittelwissenschaft vom Gebiet der unbekannten Risiken in ein solches der unbegrenzten Möglichkeiten verwandeln könnte, falls man nur den wenigen Sätzen konsequent folgt, die er in seinem Buch »Was ist Leben« (1945) niederschrieb:

»Der Kunstgriff, mittels dessen ein Organismus sich stationär auf einer ziemlich hohen Ordnungsstufe (einer ziemlich tiefen Entropiestufe) hält, besteht in Wirklichkeit aus einem fortwährenden *Aufsaugen von Ordnung aus seiner Umwelt.* Dieser Satz ist gar nicht so paradox, wie er auf den ersten Blick aussieht. Man könnte ihm eher vorwerfen, er sei eine Plattheit. In der Tat, im Fall der höheren Tiere kennen wir die Art Ordnung, von welcher sie sich ernähren, recht gut; es ist der äußerst wohlgeordnete Zustand der Materie in den mehr oder minder komplizierten organischen

Verbindungen, welche ihnen als Futter dienen. Nach der Benutzung geben sie es in sehr stark abgebauter Form wieder von sich – jedoch nicht vollständig abgebaut, da Pflanzen noch immer dafür Verwendung haben. (Diese besitzen ihren stärksten Vorrat an negativer Entropie selbstverständlich im Sonnenlicht.)«

Diese »Plattheit« wirft eine Unzahl von Fragen auf: Was ist die »Ordnung«, von der Schrödinger spricht? Ist es die Regelmäßigkeit eines Kristalls, die sich bei tiefen Temperaturen, wie zum Beispiel bei Eis aus Wasser, von selbst einstellt, oder ist es die Musterbildung wie bei Eisenfeilspänen, die sich nach Anlegen eines Magnetfeldes räumlich orientieren?

Weshalb benötigen wir insbesondere Nahrung, um uns zu ordnen? Gibt es einen Zusammenhang zwischen dem »äußerst wohlgeordneten Zustand der Materie in den mehr oder minder komplizierten organischen Verbindungen«, die als Futter dienen und der »Ordnung«, die der Verbraucher benötigt? Wenn ja, welchen? Wenn ich mich im Spiegel oder sonstwo betrachte, habe ich nicht den Eindruck, daß ich wohlgeordnet bin. Zwar erkenne ich eine gewisse Rechts-Links-Symmetrie, die noch nicht einmal perfekt ist. Dann hört es aber schon auf. Schrödinger muß sich wohl mehr dabei gedacht haben. Es kann sich nicht um die simple Ordnung eines Kristalls handeln. Kristalle sind auch nicht lebensfähig. Vielleicht hat er die *»dynamische«* Ordnung eines Pendels gemeint, die Regelmäßigkeit im Zeitablauf?

*»Rhythmen«* sind tatsächlich ein wesentliches Element unseres Lebens. Die Spannungsschwankungen der Zellen (»Aktionspotentiale«) oszillieren im Millisekundentakt, Nerven- und Muskelzellen vibrieren mit Frequenzen um Zehntelsekunden (»Mikrovibrationen«), – wir wollen den Herzschlag nicht vergessen –, von selbst ändern sich auch physiologische und psychologische Funktionen im Minutenrhythmus, im Schlaf wechseln Traum- und Erholungsphasen in Abständen von Stunden, während die Launenhaftigkeit, Wach- und Schlafphasen, aber auch biochemische Abläufe an den Tag-Nacht-Rhythmus gebunden sind, in monatlichen Abständen erfolgen der weibliche Zyklus, aber auch »Stimmungslagen«. Jährlich

unterliegen wir, ebenso wie die Natur um uns, den jahreszeitlichen Schwankungen in nahezu allen Merkmalen, die uns als Persönlichkeiten auszeichnen. Über die Jahresrhythmen hinaus ändern Bevölkerungen periodisch zum Beispiel die Geburtenrate oder ihre Anfälligkeit gegenüber Erkrankungen.

Falls Schrödinger diese dynamische Ordnung gemeint haben sollte, dann hat er sicher recht, wenn er fordert, daß diese möglichst aufrechtzuerhalten sei. Wer das nicht glaubt, möge zum Beispiel für einige Minuten seinen Herzschlag anhalten. Aber weshalb sollte der Biß in eine gute oder schlechte Gurke diese Rhythmik unterschiedlich beeinflussen, wenn überhaupt? Man hört schaurige Geschichten über Leute, die besonders nachts mit Vorliebe an den Kühlschrank wandern, obwohl er tagsüber wesentlich leichter erreichbar ist, und man erwischt sich selbst dabei, daß man am frühen Morgen ein Müsli dem Bier vorzieht, und abends ist es gerade umgekehrt. Sollte es eine Rolle spielen, zu welcher Tageszeit welche Nahrung am vorteilhaftesten genossen wird?

- Ist es dann günstiger, ein minderwertiges Lebensmittel zum richtigen Zeitpunkt einzunehmen als ein hochwertiges in einem unpassenden Moment?
- Inwieweit kann man dann noch von Lebensmittelqualität reden?

Nehmen wir einmal an, der Zeitpunkt, zu dem ein bestimmtes Lebensmittel verspeist wird, sei entscheidend für die ordnungsstabilisierende Wirkung im Sinne Erwin Schrödingers, dann muß konsequenterweise der Lebensmittelwissenschaftler den Schluß ziehen, daß die Sojabohne, die durch geschickte genetische Manipulation nach Schweinehaxe schmeckt, einen ähnlichen Effekt auslöst wie den, der bei der Vermischung von Mozarts Nachtmusik mit Armstrongs Jazz erreicht würde: eine totale Verwirrung der »dynamischen« Ordnung. Und das, obwohl beide Anteile für sich genommen und zu verschiedenen Zeiten genossen, wundersame Harmonien hervorzaubern können.

So entdecken wir erneut die Bedeutung des Appetits, der uns verraten könnte, *zu welcher Zeit welches Lebensmittel die günstigste*

*Wirkung auf unser System* ausübt, wie dies bei einem gekoppelten »Pendel« mit allen möglichen Frequenzen der Fall ist. Die Täuschung dieser natürlichen Funktion könnte verheerende Folgen für die Zeitabläufe haben, so zum Beispiel, nicht mehr erkennen zu können, wann wir was benötigen, um unsere »dynamische« Ordnung zu stabilisieren.

Schrödinger wußte vermutlich selbst nicht genau, von welcher Art der Ordnung er spricht, auch wenn er sie betont. Das ist nicht so entscheidend, weil er auf folgendes aufmerksam macht: Verbraucher, denk daran, daß deine Ordnung wichtiger ist als die Energiezufuhr. Du bist wie eine Geige, die stets den Bogen sucht, der sie am besten streicht. Gib dich nicht zufrieden mit dem Energiepaket, das diese Wirkung rein energetisch hervorrufen könnte, auch wenn es noch so reichhaltig und verlockend angeboten wird. Es könnte sich um eine Kratzbürste handeln, die deinen Geschmack für immer verdirbt.

Man tut sich dennoch schwer zu glauben, daß die Nahrung mit ihrer komplexen Biochemie in unserem Organismus irgend etwas zu tun haben soll mit einer räumlichen oder zeitlichen Ordnung in uns. Die Antwort konnte Erwin Schrödinger zu seiner Zeit nicht kennen, weil erst 1977 der Nobelpreis dafür verliehen wurde, an den belgischen Physikochemiker Ilya Prigogine (Prigogine 1972). Es zeigte sich am Beispiel »chemischer Uhren«, daß man durch geeignete Energiezufuhr – die Betonung liegt auf »geeignet« – chemische Reaktionen antreiben kann, die periodisch oszillieren. Ein typisches Beispiel ist die nach ihren russischen Entdeckern benannte Beloussov-Zhabotinski-Reaktion:

Mit erstaunlicher Präzision von wenigen Sekunden wechseln die Farben des Reaktionsgemisches aus Bromat-Ionen, organischen Säuren und Metall-Ionen in schwefelsaurer Lösung, sobald man die Konzentrationen der einzelnen Komponenten exakt auf bestimmte Verhältnisse einstellt. Diese an Biorhythmen erinnernde periodische Oszillation bleibt stabil, wenn die notwendige Energie, hier in Form von Bromat-Ionen, immer wieder in geeigneter Dosierung zugeführt wird. Andernfalls »stirbt« sie aus.

Es ist naheliegend, die »Ordnung«, von der Schrödinger spricht, mit den Schwingungen dieser chemischen Uhren gleichzusetzen. Mit Recht weist Prigogine selbst darauf hin. Rhythmisch läuft zum Beispiel die Glykolyse ab, die wichtigste Reaktion der Nahrungsaufnahme, bei der Zucker, das elementare Nahrungsmolekül des Lebens, in den Brennstoff der Zelle (Adenosintriphosphat, ATP) »umgetankt« wird.

Haben wir damit das Lebensmittel-Qualitätsproblem gelöst: Lebewesen als komplexe chemische Uhren, deren Stabilität durch geeignete Zufuhr von Molekülen erreicht werden kann? Hat also »Futter« für uns die gleiche Bedeutung wie Bromat-Ionen für die Beloussov-Zhabotinski-Reaktion? Danach ist es jedenfalls falsch zu glauben, daß man immer nur die besten Moleküle im Nahrungsmittel anzureichern brauche. Es bleibt uns keine Wahl: Wir müssen umdenken.

Nahrung hat vielmehr nach Schrödinger einen wesentlichen Zweck zu erfüllen, der nicht dem Lebensmittel allein anzusehen ist, sondern maßgeblich vom »Zustand« des Konsumenten abhängt, so von der Komplexität all seiner subjektiven Schwingungsmerkmale zum Zeitpunkt der Nahrungsaufnahme. Nicht die zugeführte Energie ist die entscheidende Größe – sie ist nur eine notwendige, keineswegs hinreichende Bedingung –, sondern die raumzeitliche Dynamik des Verbrauchers: Letztlich hängt alles von der »Information« ab, die das Nahrungsmittel auf den Konsumenten überträgt. Der Hungernde signalisiert ein Bedürfnis, das passende Nahrungsmittel signalisiert Befriedigung dieses Bedürfnisses. Durch das Essen kommt es zum Informationsaustausch, zu einer *Botschaft der Nahrung.*

Auch mit der Auffassung, die Wärmeproduktion des Lebewesens sei ein Abfallprodukt der »Maschine« Mensch, räumen Schrödinger und Prigogine gründlich auf. Da Wärme immer auch dann frei wird, wenn sich Strukturen räumlich oder zeitlich ordnen, wird die Wärmeproduktion sogar ein Maß für und nicht etwa gegen die Qualität der Nahrung; je mehr Wärme bei gleicher Energiezufuhr entsteht, um so mehr Ordnung kann erzeugt werden, um so größer ist der

Wert des aufgenommenen Lebensmittels, und nicht etwa um so geringer.

Überspitzt formuliert bedeutet das: Die mechanistische Denkweise, die von der stofflichen Komposition ausgeht, läßt erwarten, daß man nach dem Essen möglichst frieren sollte, damit die Energie optimal genutzt wird, während die Schrödingersche Auffassung fordert, ein Wärmeempfinden zu verspüren und sich behaglich zu fühlen.

Die Frage aber bleibt: Läßt sich einem Lebensmittel ansehen, inwieweit es die »Ordnung« des Verbrauchers stabilisieren oder aufbauen kann? Befinden wir uns dabei vielleicht in einer Situation, in der wir aus Musikinstrumenten (den Molekülen) – ihrer Art, Beschaffenheit, Zahl und Anordnung – erschließen müssen, welche Musikstücke (dynamischen Prozesse) jemals damit gespielt werden könnten? Oder sind wir in einer ähnlichen Lage wie ein Münzautomat, der durch einfache Summierung der diversen Münzen und Scheine den Gesamtwert exakt angeben kann?

## Die Sonne: Quelle der Ordnung

Wenn man mit einem Gedankengang in eine Sackgasse geraten ist, dann sollte man es auch zugeben. Ich bin in einer solchen gelandet:

- Folge ich Erwin Schrödinger, dann ist es die Ordnung des *Verbrauchers* nach der Nahrungsaufnahme und nicht etwa die des *Lebensmittels*, die man als hinreichend für die Qualität der aufgenommenen Nahrung zu betrachten hat. Wonach ich lange gesucht habe, nämlich die unübersehbare Gaukelei von notwendigen Kriterien der Qualität durch ein einziges hinreichendes zu ersetzen, ist nun zwar gelungen. Was immer auch geschieht: Sobald der Konsument zufrieden ist, sich behaglich fühlt, Wärme produziert, seine Biorhythmen einschließlich des Herzschlags stabilisiert, braucht er sich einen Teufel zu scheren um Rohkost, ökologischen Anbau, Pestizide, Frische oder Zusatzstoffe.
- Folge ich dem Physikochemiker Ilya Prigogine, dann scheitere ich ebenfalls: Welcher Mensch, falls er wirklich eine chemische

> Uhr repräsentiert, kann dem Bromat-Ion ansehen, daß es ein ideales »Nahrungsmittel« für die Beloussov-Zhabotinski-Reaktion ist? Es gibt nicht gute und schlechte Bromat-Ionen. Eher berechtigt ist da schon die Spekulation des Fortschrittsgläubigen: Für jedes Molekül läßt sich eine unendliche Vielfalt von chemischen Uhren ausdenken, die eben nur von dieser Substanz ideal anzutreiben sind. Daß man dann den Stoff zum richtigen Zeitpunkt in passender Konzentration zuzusetzen hat, erscheint trivial.

Das Ziel, die Qualität des Lebensmittels zu definieren, ist somit zwar grundsätzlich erreicht, freilich mit der peinlichen Konsequenz, daß ich keine Antwort weiß, wenn ich gefragt werde, was gute und schlechte Lebensmittel eigentlich sind. »Aber«, ruft hier des Teufels Advokat, »wieso ziehen die meisten Verbraucher frische Gemüse den tiefgefrorenen vor, weshalb schmeckt ein Freilandei besser als ein solches aus Batteriehaltung, weshalb schmeckt ein Speiseöl nicht, wenn es ranzig geworden ist, weshalb ernähren wir uns nicht von Molekülen?«

Der Chemiker weiß doch durchaus, weshalb das Bromat-Ion besser als das Chlorat-Ion dazu geeignet ist, die Beloussov-Zhabotinski-Reaktion anzutreiben. Er kennt die Energieübertragung durch chemische Verbindungen. Es sei doch klar, wird er behaupten, daß man vorherbestimmen könne, welche Substanz in welcher Dosierung zu welcher Zeit die chemische Uhr »Mensch« am besten zum Laufen bringe und am Laufen halte. Im Prinzip sei das Nahrungsproblem damit gelöst.

Ich betrachte die Speisekarte einzelliger, im Seewasser lebender Algen. Darauf findet man nicht nur Bromat-Ionen, sondern immerhin sechsundzwanzig Chemikalien, wie beispielsweise Alkali- und Erdalkali-Chloride, Phosphate, Silikate, Zinkchlorid, Kupfersulfat, Eisen-Citrat, -Sulfat und -Chlorid, Bromide und Kalium-Iodid. Außerdem müssen Vitamin $B_{12}$, Biotin und Thiamin zur Nährlösung zugesetzt werden, damit diese Pflanzenzellen, die über einen Zentimeter lang werden, wachsen können und nicht zugrunde gehen.

Für jeden Stoff ist die genaue Konzentration bei der Einwaage mindestens auf 1 Prozent genau einzuhalten.

Natürlich sei die chemische Uhr eines Einzellers bereits so kompliziert, daß man ihr nicht mehr ansehen könne, welche Substanzen in welchen Konzentrationen am besten zum Füttern geeignet seien, wird der Chemiker einwenden.

Im übrigen gehe es dabei nur darum, das Nährmedium des Seewassers möglichst gut zu ersetzen. Und das sei doch immerhin ein guter Anhaltspunkt.

Das ist eine der typischen Auskünfte, die plausibel erscheinen, also sicher nicht falsch sind, aber auch nicht weiterhelfen, sondern – im Gegenteil – das Problem zusätzlich erschweren. Ist die Nahrung Ersatz für Umgebungsbedingungen, an die sich unsere Zellen während ihrer weit über 150 Millionen Jahre andauernden Evolution anpaßten und immer wieder neu anpassen müssen? Haben wir dann überhaupt noch eine reelle Chance, der Nahrung anzusehen, welche Bedingung sie zu erfüllen hat angesichts der sich wandelnden Umweltfaktoren und der wissenschaftlich nicht mehr weiter auflösbaren »Komplexität« der chemischen Uhren?

Glücklicherweise hilft uns aus diesem Dilemma:

1. die These von Erwin Schrödinger,
2. die These der evolutionären Bedeutung der Nahrung,
3. die These der Rückbesinnung auf das Sonnenlicht, ohne das die einzellige Alge ebensowenig leben kann, wie wenn man ihr wesentliche Bestandteile des Meerwassers entzieht.

Wenn *erstens* Schrödinger fordert, daß die Nahrung die Entropie (Unordnung) des Verbrauchers möglichst stark vermindern soll, so folgt logischerweise, daß nur jenes Lebensmittel, das beim Konsumenten die Entropie am wirksamsten niedrig hält, die beste Qualität haben kann. So einfach ist das. Entropieverminderung ist im übrigen zu messen, zum Beispiel in der Wärmeproduktion. Man stecke dem Ordnungsräuber Mensch unendlich viele und infinitesimal kleine Mikrothermometer in die Zellen und beobachte den Temperaturverlauf in allen Sonden. Dann kann man die Wirksamkeit der

Nahrungsaufnahme exakt am Verlauf der Temperaturveränderung im Meßsystem ablesen.

So unpraktisch dieser Weg zur Beurteilung der Lebensmittelqualität auch erscheinen mag, so deutlich zeigt er uns, wieweit wir mit den herkömmlichen Analysen von einer echten Bewertung der Qualität entfernt sind. Wir lernen aber daraus erneut, daß *»subjektive«* Komponenten die entscheidende Rolle spielen. So dürfte es vermutlich besser sein, den Chinesen im allgemeinen mit Reis, den Europäer aber mit Weizen zu ernähren, als umgekehrt mit fatalen Folgen Missionierungsversuche zu unternehmen. Das Beispiel ist nicht weltfremd: 1943 starben in Bengalen drei Millionen Menschen, weil man versucht hatte, ihnen ihre gewohnten, aber knapp gewordenen Reisvorräte durch Weizen zu ersetzen. Die Einwohner verweigerten zum Teil die Umstellung auf die aus biochemischer Sicht mindestens gleichwertige Nahrung.

Wir erkennen so auch, daß es eben doch einen Sinn macht, wenn Früchte und Nutzpflanzen nicht so wachsen, daß sie in einheitlich vorgefertigte Kartons und Behälter passen. Die natürliche Variabilität, die in Mischkulturen höher ausfällt als in den wirtschaftlicheren Monokulturen und die bis zu etwa 30% Abweichung von den Normwerten betragen kann, sorgt dafür, daß auch die natürlichen Abweichungen in den individuellen Bedürfnissen des Verbrauchers optimal berücksichtigt werden. Auch der Verbraucher strebt keineswegs einheitliche Kost an. Er spürt unbewußt, daß das seinen Vorstellungen überhaupt nicht entgegenkommt. Die Diversität ist es, die er sucht, ebenso wie er in einem Konzert eben nicht nur die ständige Wiederholung des Kammertons *a* genießen könnte. Den Lebensmittelchemikern ist zu empfehlen, eine genügend große Variabilität des jeweiligen Lebensmittels, das sie optimieren wollen, zu erhalten und zu retten. Ebenso sollten sie nicht nur die Normwerte, sondern auch ihre lebensnotwendigen Streuungen in die Liste jener Eigenschaften einreihen, die die Qualität garantieren.

Schrödinger läßt es offen, ob man der Nahrung ansehen kann, ob sie die Ordnung des Verbrauchers verbessert. Immerhin wissen wir nun, daß objektiv die beste Qualität nicht existieren kann, weil, im

Gegensatz zur Beloussov-Zhabotinski-Reaktion, die natürliche Variabilität des Konsumenten eine entsprechende Streuung auch in den Merkmalen der Nahrung erfordert.

Tatsächlich leben wir *zweitens* nicht von exakt eingestellten Konzentraten diverser Chemikalien. Die ersten Säuger, die vor etwa 150 Millionen Jahren in Erscheinung traten, lebten von Insekten, und das immerhin nahezu 90 Millionen Jahre lang. Erst als die Vorräte knapp wurden, entwickelten sich Pflanzen- und Fleischfresser, und mit ihnen auch die Allesfresser. Über Richtungskämpfe zwischen den damaligen Vegetariern und den Fleischjägern ist wenig bekannt geworden, vermutlich deshalb, weil die Vegetarier naturgemäß in der schwächeren Position waren. Dennoch leben alle seit etwa 60 Millionen Jahren in natürlichen Kreisläufen nebeneinander, miteinander und voneinander, so, daß sich daraus eben das Bild der heutigen Evolution ergibt.

Der Mensch ist erfahrungsgemäß ein Allesfresser, ja, man mag sich sogar fragen, ob nicht eben diese Fähigkeit, auf nichts ernsthaft verzichten zu müssen, seine bevorzugte Rolle in der biologischen Entfaltung der Arten hervorrief. Im Bild Prigogines ist der Mensch eine komplexe chemische Uhr, die sich von nahezu allen anderen weniger komplexen »natürlichen« chemischen Uhren antreiben läßt. Dabei geht, wenn man Erwin Schrödinger unwissenschaftlich – wie ich mir das erlaube – interpretiert, die Information nicht verloren, sondern sie wird von der Nahrung auf den Verbraucher weitergereicht. Man ist also nicht unbedingt auf die davonfliegende Seele angewiesen, oder auf die »Re-Inkarnation«, um weiterzuleben. Man findet sich – als Beute – im stärkeren Konsumenten leibhaftig wieder, sozusagen in dessen Informationspotential.

Bei einigen afrikanischen Stämmen soll noch heute der Glaube vorherrschen, daß man über die Kraft eines Löwen verfügt, wenn man Löwenfleisch verzehrt, und die Sehkraft einer Eule erhält, wenn man sich diesen Vogel einverleibt. Der Gedächtnisforscher Georges Ungar beschreibt in seinem Beitrag »Der molekulare Code des Gedächtnisses« (Ungar 1973/74, Seite 163f.), ein Experiment zur Übertragung des Gedächtnisses, das seither in weiteren Varianten vielfach bestätigt wurde, mit folgenden Worten: Die allerersten Untersuchungen wurden von M.C. Connell an Plattwürmern durchgeführt. Er brachte Plattwürmern eine bedingte Reaktion auf Licht bei. Wenn die Tiere die Reaktion gelernt hatten, wurden sie in kleine Teile geschnitten und anderen Plattwürmern als Futter vorgeworfen. Dabei stellte man fest, daß diese Plattwürmer dann die Reaktion auf Licht bedeutend schneller lernten als andere Würmer, die man mit Teilchen nicht trainierter Artgenossen gefüttert hatte. Deutlicher kann man den Zusammenhang zwischen Nahrung und Information kaum belegen.

Walter Ostertag (1981), ein Münchner Biologe, schlägt vor, »lebende Makromoleküle« (LM) als Lebenselixier zu betrachten. In ihnen, den komplexen Biopolymeren mit so extrem hoher Informationsdichte, daß sie milliardenmal höher ist als die heute technisch erreichbare Komplexität organischer oder anorganischer Substanzen, könnte das Geheimnis der »informativen« Funktion der Lebensmittel liegen. Tatsächlich haben die Plattwurmexperimente die Vermutung erhärtet, daß die Gedächtnisfunktion nicht etwa den Proteinen zuzuschreiben ist, wie man ursprünglich annahm, sondern, wenn überhaupt, eher den Nukleinsäuren, also Kettenmolekülen mit der höchsten Komplexität und extrem hoher Informationsdichte. Wir werden diesen Aspekt nicht aus den Augen verlieren, müssen aber vorher das dritte Argument ins Spiel bringen, das uns neben Schrödingers Ordnung und der Informationsweitergabe in der biologischen Evolution veranlaßt, wirkliche Qualitätsmerkmale auch in der Nahrung selbst – und nicht nur im Wohlbefinden des Verbrauchers – zu suchen.

Es ist nämlich schließlich und *drittens* Tatsache, daß *alle* Lebewesen von Licht leben. Bei Pflanzen ist es das Sonnenlicht, von dem sie sich ernähren. In der Photosynthese entsteht das elementare Nahrungsmolekül aller Zellen, sowohl das der Pflanze als das der Tierwelt, nämlich Zucker. Die beiden Substanzen Wasser und Kohlendioxid, die in nahezu beliebiger Menge auf der Erde und in der Atmosphäre vorhanden sind, verbinden sich in der Pflanze durch Einwirkung des Sonnenlichts zur Lebensmitteleinheit Glukose (Zucker). Würde die gesamte Sonnenenergie, die auf die Erde einstrahlt, das sind zwei Kalorien pro Minute und Quadratzentimeter, in Zucker umgewandelt, so entstünden pro Tag etwa fünf Billionen Tonnen.

Bei dem täglichen Bedarf von zirka einem Pfund Zucker pro Mensch reicht bereits der millionste Teil dieser Menge aus, um die Erdbevölkerung von gegenwärtig zirka sechs Milliarden Menschen ohne Rückgriff auf Speicherenergie zu ernähren. Aber die ausschließliche Nutzung der Sonnenenergie für die Zuckerproduktion wäre weder möglich noch hilfreich. Das Beispiel zeigt aber, daß das Problem der Lebensmittelversorgung nicht im Nahrungsmangel selbst liegen kann, sondern in der Art und Weise, wie wir mit dem gewaltigen Potential der Sonnenenergie umgehen, ob wir es verstehen, richtig einteilen und verteilen.

Die Photosynthese, die als elementare Quelle der Lebensmittelversorgung für alle Lebewesen anzusehen ist, zeigt aber auch, daß biologische Systeme die besondere Fähigkeit aufweisen, Sonnenlicht zu speichern und damit den thermischen Verfall, also den Übergang in nutzlose Wärmestrahlung, zu verzögern. Aus physikalischer Sicht sind es Lichtspeicher extrem hoher Qualität.

## Bessere Nahrung – mehr Licht

Man kann es nicht oft genug betonen: Wir sind primär nicht Kalorienfresser, auch nicht Fleischfresser, Vegetarier oder Allesfresser, sondern *Ordnungsräuber* und *Lichtsäuger*. Der Wandel der Begriffe bedarf weiterer, vertiefender Einsichten, denn so manch einer mag sogar noch Zweifel daran hegen, daß wir uns tatsächlich von Licht ernähren. Bei Pflanzen ist das aber unbestreitbar so. Sie beziehen ihre Energie direkt von der Sonne. Die Photosynthese verwandelt das Licht der Sonne, das die Pflanzen als elementares Nahrungsmittel aufnehmen, in biologisch verfügbare Energie. Photonen verschweißen die überall vorhandenen Kohlendioxid- und Wassermoleküle zu Glukosepäckchen. Sie schließen sich in die Form dieser

Zuckerdepots selbst ein und stehen als Lebensmittelquelle jedem höheren Lebewesen zur Verfügung.

In Tieren und beim Menschen – die direkt oder indirekt von Pflanzen leben – werden die Zuckermoleküle wieder aufgeknackt in Kohlendioxid und Wasser. Das gesamte Kohlendioxid wird über die Lunge, das Wasser über die Haut oder mit dem Urin wieder ausgeschieden. Übrig bleibt in den Organismen die Sonnenenergie, die die Lebewesen auf bisher nicht vollständig verstandene Weise antreibt, versorgt und nach Schrödinger auch ordnet.

Eine Gemeinsamkeit liegt demzufolge jeder Art von Ernährung, ob pflanzlich oder tierisch, zugrunde: Lebewesen verzögern die Umwandlung der Sonnenenergie in Erdwärme, sie sind hervorragende *Lichtspeicher*. Eine Vision bricht sich die Bahn in meinem verunsicherten Gehirn, das sich trotz aller Warnungen und Unkenrufe aus dem Lager der seriösen Wissenschaftler nicht dagegen zu wehren weiß: Sind Lebewesen ebenjene Erscheinungsformen der Materie, die am besten von allen denkbaren Strukturen zu verhindern vermochten, daß sich das Sonnenlicht in nutzlose Erdwärme zerstreut und abbaut? Materie also, die die Temperaturdifferenz zwischen Sonne und Erde, immerhin gut 5000 Grad, optimal zu nutzen wußte und auch in Zukunft immer besser lernt, sie zu verwenden? Und damit sogar »per definitionem« eben »Leben« erzeugt? Dann muß konsequenterweise auch die Qualität der Nahrung entscheidend von deren Lichtspeicherfähigkeit abhängen.

Neu ist die Idee nicht. Licht wurde mindestens seit den Anfängen der indischen Philosophie als geheimnisvolle göttliche Lebenskraft verehrt. Entscheidend sind aber schließlich weder wissenschaftliche Zweifel noch philosophische Betrachtungen, sondern experimentelle Fakten.

Wie könnte bewiesen werden, daß Licht die Lebensmittelqualität bestimmt? Ich stecke ein schönes, ausgewachsenes Blatt einer Topfpflanze in ein Lichtmeßgerät und registriere den abklingenden Lichtstrom des Blattes. Dann wiederhole ich den gleichen Versuch mit einem welken Blatt der gleichen Pflanze. Ich sehe erhebliche Unterschiede: das schöne Blatt leuchtet lange und intensiv, bevor das gespeicherte Licht schließlich entweicht, während umgekehrt das welke Blatt nur gering strahlt und schnell seinen Speicherinhalt verliert *(Abb. 1a–1c)*.

Die Prognose bestätigt sich also: Hohe Qualität zeichnet sich durch hohe Lichtspeicherfähigkeit aus. Bevor ich weiter experimentiere, denke ich gründlich über Lichtspeicher nach. Das gute Blatt könnte einfach mehr Chlorophyll enthalten als das schlechte.

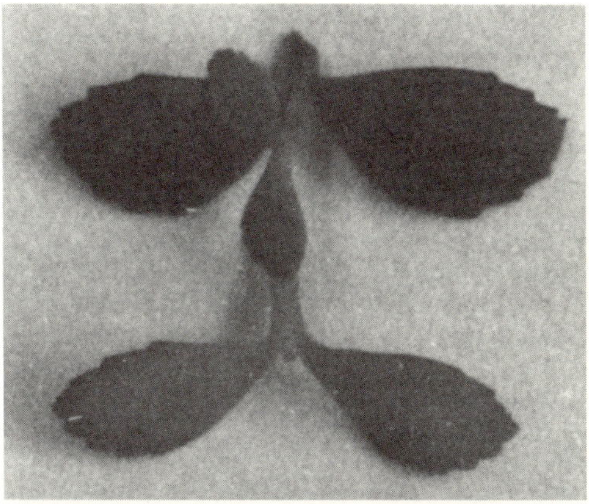

*Abb. 1a:* Das Blatt oben ist frisch und gesund, das Blatt unten ist welk und krank.

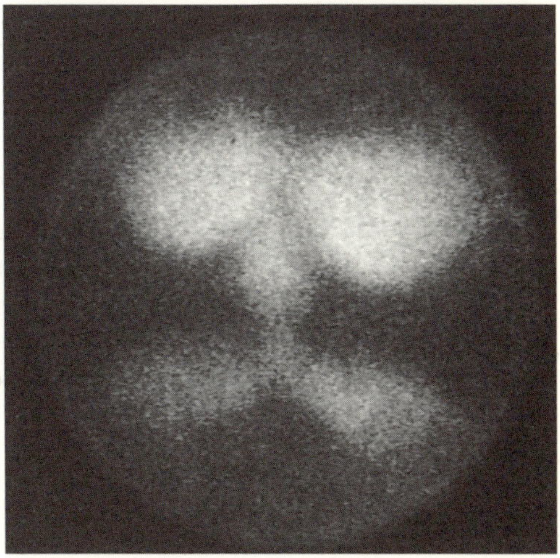

*Abb. 1b:* Mit dem Restlichtverstärker kann die Eigenlichtemission (Biophotonenemission) der Blätter gemessen und am Bildschirm dargestellt werden. Das gesunde Blatt (obere Hälfte in 1b) leuchtet wesentlich stärker als das erkrankte Blatt (untere Hälfte 1b).

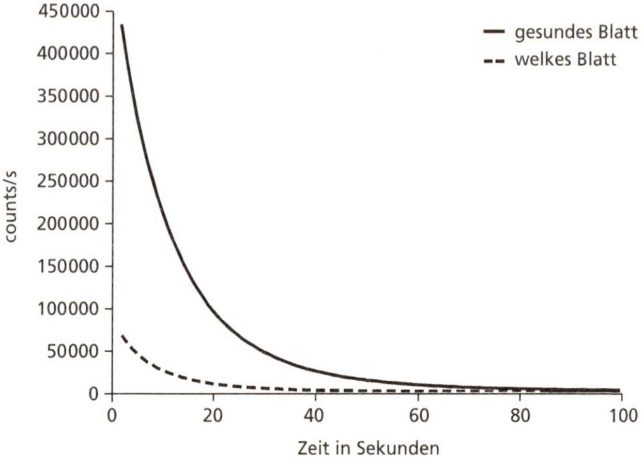


*Abb. 1c:* Mißt man die Lichtintensität der Blätter in Abhängigkeit von der Zeit, dann stellt man fest, daß das gesunde Blatt (ausgezogene Kurve) zu jedem Zeitpunkt wesentlich stärker strahlt und sein Licht langsamer abgibt als das welke und kranke Blatt (gestrichelte Kurve). Die Lichtintensität wird in Zählraten (»counts« pro Sekunde) gemessen.

Das trifft aber nicht zu. Reiße ich das Blatt ab, strahlt es anders, als wenn es noch am Ast hängt. Es gibt auch gute Lichtspeicher ohne Chlorophyll. Man kann jedoch nicht ausschließen, daß in diesen Fällen andere Moleküle (Pigmente) die Rolle des Chlorophylls übernehmen. Immerhin: Notwendig und hinreichend für gute Nahrungsqualität sind eben nicht Chlorophyllmoleküle, sondern die hohe Lichtspeicherfähigkeit.

Die Gleichberechtigung unwiderlegbarer Gedanken erlaubt es mir, aus der Vision von der Lichtspeicherfähigkeit von Lebewesen eine erste Hypothese zu formen, die sich experimentell überprüfen läßt: »Biologische« Materie ordnet sich im Sonnenlicht in einem solchen Ausmaße, daß die mit der Ordnung *ansteigende Lichtspeicherfähigkeit* eine *höhere Ordnung* bedingt, von der Einzelzelle über Organismen, Zellaggregate und Zellkolonien, Pflanzen, Tiere und Menschen, ja, noch weiter, bis hin zu gesellschaftlichen Verflechtungen, die im Individuum zu übergeordneten Bewußtseinsstrukturen, wie Gemeinschaftssinn, Verantwortlichkeit für andere etc. führt. Die Art und Weise, wie sich dabei die verschiedenen Wellenlängen des Sonnenlichts verteilen – wobei sich wie in einem komplexen Antennensystem wachsenden Ausmaßes die Evolution vom sichtbaren Spektrum über Infrarotstrahlung, Mikrowellen bis in die Radiowellen fortsetzt –, bestimmt Art und Entwicklungszustand des Lebewesens.

Nahrung als Schrittmacher der Evolution: Die Speicherfähigkeit wird eine tragende Funktion, die von der *Wellenlänge*, der Art des Lebewesens und natürlich auch von dessen biologischer *Zeit* (Alter, Zustand, Rhythmik) abhängt. Lebewesen sind aus dieser Sicht komplexe Antennensysteme, die über einen breiten Bandbereich empfangen, aber auch senden können. *Hohe Frequenzen* (kleine Wellenlängen) bestimmen vorwiegend die molekulare und zelluläre Regulation, während die *niedrigen Frequenzen* die »soziale« Kommunikation in und zwischen den Individuen steuern. Sonnenlicht wird auf diese Weise nicht »thermalisiert«, sondern energetisch in immer kleinere Energiequanten zerlegt, wobei es sich gleichzeitig räumlich und zeitlich immer mehr ausdehnt, vergleichbar mit dem Steinwurf auf die ruhige See, kreisförmig auslaufende Wellen mit einer Vielfalt möglicher Wellenlängen und Amplituden auslösend, schließlich in weiter Ferne von der Aufschlagstelle ausklingend. Die Sonne ist so die Quelle, die mit ihrem Photonenhagel rhythmisch »Steine« in das »Meer« der Erdevolution wirft. Lebewesen sind die Wellen und Wellenfresser zugleich.

Diese Hypothese muß Schritt für Schritt experimentell belegt werden. Es ist klar, daß das Modell eine gewisse »Verwandtschaft« zwischen Nahrung und Verbraucher fordert. Das Lebensmittel erhöht die Lichtspeicherfähigkeit des Konsumenten, indem es selbst Licht überträgt. Die Beute könnte den Konsumenten mit kurzwelligen (hochfrequenten) elektromagnetischen Wellen speisen, um dessen Speicherfähigkeit auch für längere Wellen zu verbessern, als Folge resonanzartiger Wechselwirkungen zwischen Opfer und Räuber. Die hohe Sensivität von Tieren gegenüber Signalen ihrer Beute (und umgekehrt) erscheint mit dieser Erklärung nicht völlig abwegig.

Erneut stoßen wir auf »Information« als den entscheidenden »Gehalt« der Lebensmittel. Aber wie können wir diesen Begriff, dessen Berechtigung wir fühlen, nun auch fassen und vor allem auch messen?

Als anschauliches Beispiel bietet sich das Bild von Hohlräumen an. Bei der Modellbildung über unsere nähere und fernere Umgebung lohnt es sich stets, zunächst von Hohlkörpern auszugehen. Sie weisen bereits alle Eigenschaften auf, die ich vom Lebensmittel verlange. Sie können Licht speichern und auch wieder abgeben. Je nach ihren Abmessungen und der Beschaffenheit ihrer Wandung speichern sie elektromagnetische Wellen verschiedener Wellenlängen verschieden gut. Versilberte Wände zum Beispiel spiegeln Licht im Innern sehr oft hin und her. Die Zahl dieser Reflexionen ist maßgebend für die Speicherfähigkeit (den sogenannten Q-Wert). *Abb. 2* zeigt, wie man sich die Nahrungsaufnahme aus dieser Sicht am einfachsten vorstellen kann.

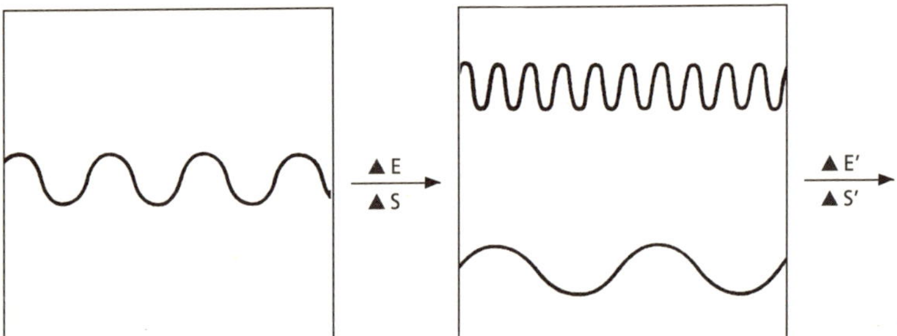


Q-Wert Entropie des Verbrauchers

*Abb. 2:* Ideale Nahrung wirkt primär nicht als Treibstoff, sondern als Überträger fehlender Schwingungen im Verbraucher, der raumzeitliche Oszillationen für die Regulation seiner periodischen und rhythmischen Vorgänge benötigt, ähnlich einem Geigenbogen, bei dem es primär nicht auf die Übertragung mechanischer Energie ankommt, sondern auf die Stimulation harmonischer Schwingungen der Geigensaite. Wesentlich für die Qualität der Nahrung ist ihr Speicherwert (Q-Wert) für die spezifischen Wellen, die der Konsument benötigt. Die übertragene Energie ($\Delta E$) sollte nicht möglichst groß, sondern, im Gegenteil, möglichst klein sein, um eine gewünschte notwendige Entropieverringerung ($\Delta S$) im Verbraucher zu erzeugen. Die Entropieverminderung entspricht der Zunahme der notwendigen Ordnung in Form verbesserter Rhythmik (Harmonie), die den Verbraucher überhaupt erst lebensfähig macht.

Wellen, die das Lebensmittel enthält, gelangen durch den Verzehr in den Organismus des Verbrauchers, dem ebenjene Wellenlängen der Nahrung gerade fehlen (*Abb. 2*, Übergang einer Welle vom Nahrungsmittel in den Verbraucher). Die neu aufgenommenen Wellen steuern zusammen mit den vorhandenen Rhythmen die raumzeitlichen Vorgänge im Organismus des Konsumenten, so auch dessen biochemische Abläufe. Gute Qualität bedeutet dann ganz im Sinne Erwin Schrödingers, die *passenden Wellen* zum *passenden Zeitpunkt* in die *günstigsten Kanäle* des elektromagnetischen Regulationsfeldes einzuspeisen.

Im Modell hat der Hohlraum den Vorteil, daß er kein Molekül benötigt, und damit unwesentliche Aspekte, die die Biochemie in die Diskussion einbringt, überflüssig macht. Andrerseits kann er aber auch jedes Molekül, das als Lichtspeicher wirkt – wie zum Beispiel Zucker –, aus der wesentlichen physikalischen Sicht darstellen. Wir verzichten also nicht auf die Allgemeingültigkeit unserer Vorstellungen, wenn wir auf das simple Beispiel eines Hohlraumes zum Verständnis der Lichtspeichereigenschaften der Nahrung zurückgreifen.

So können wir auch die beiden Blätter, deren Meßergebnisse in *Abb. 1a–1c* aufgetragen sind, als Hohlräume mit verschiedener Lichtspeicherfähigkeit ansehen. Das gute Blatt hält Licht wesentlich längere Zeit im Innern fest, während das schlechte Blatt demgegenüber leck wurde. Es ist klar, daß infolge der besseren Speicherfähigkeit das gute Blatt die höheren Lichtintensitäten abstrahlt, auch dann, wenn es ursprünglich im Hellen den gleichen Lichtinhalt gespeichert haben sollte wie das schlechte.

Betrachtet man sich die Abklingkurve mit verschiedenen Farbfiltern, so kann man sogar das Blatt in seinem Speichervermögen für die verschiedenen Wellenlängen charakterisieren. Im gesamten Spektralbereich liefert ein solches wellenlängenabhängiges Verhaltensmuster bereits mehr Informationen als die herkömmliche Analysetechnik, ganz abgesehen davon, daß man sie schneller und billiger erhält. Das Blatt muß nicht unbedingt zerstört werden. Das Gerät reagiert *»ganzheitlich«*, so wie es der Verbraucher bei der

Nahrungsaufnahme zu tun pflegt. Er läßt sich »informieren«, ohne chemische Analyse.

Und noch etwas: Die Speicherzeit ist ein Maß für die maximal mögliche Information, die der »Hohlraum« Lebensmittel auf den Verbraucher übertragen kann. Der Physiker spricht vom Q-Wert des »Resonators«. Er versteht darunter eben jene Zahl von Informationseinheiten (bit), die angibt, wie oft das Licht zwischen den Wänden des Hohlraumes hin- und herläuft (= Zahl der Reflexionen), bevor es durch die unvermeidlichen Speicherverluste auf einen bestimmten Teil (zum Beispiel die Hälfte) seiner Anfangsintensität abgeklungen ist. Im Beispiel des guten und schlechten Blattes beträgt die Speicherzeit etwa 50 bzw. 10 Sekunden *(Abb. 1a–1c)*. In dieser Zeit legt das Licht in den Blättern fiktive Strecken von 15 Millionen km bzw. 3 Millionen km zurück. Im gedachten Hohlraum von höchstens etwa 5 cm Durchmesser betragen dann die Q-Werte: $Q = 3 \times 10^{11}$ bzw. $6 \times 10^{10}$ bit.

## Wie messen wir Licht (Biophotonen) in den Pflanzen?

Unser Auge, das empfindlichste Lichtmeßgerät, das es gibt und überhaupt geben kann, vermag sicher jedes einzelne Photon wahrzunehmen, aber nur dann, wenn sich dieses Sinnesorgan lange genug an die Dunkelheit gewöhnt hat. Eulen übertreffen den Menschen noch an Auflösungsvermögen und an Sicherheit. Sie können geringere Kontraste erkennen, da sie auf Nachtsicht eingestellt sind und ihre Beute über die wenigen verräterischen Lichtquanten wahrnehmen, die die Beutetiere vom Streulicht ihrer Umgebung abheben. Eulen könnten uns so vermutlich einiges über den Zusammenhang von Fleischqualität und Lichtemission berichten.

Im Tageslicht hat unser Auge die extrem hohe Sensitivität, die es im Dunkeln erreichen kann, freilich nicht. Pro Sekunde treffen milliardenmal Milliarden ($10^{18}$) Photonen auf die Pupille. Würden die beiden Blätter technisch genutzt, dann ließe sich pro Reflexion das Licht genau einmal ein- oder ausschalten und so jeweils zu einer »Ja-Nein«-Entscheidung modulieren. Das entspricht pro Reflexion der Informationseinheit von einem bit. Mit anderen Worten: mit dem guten Blatt könnten $3 \times 10^{11}$ bit übertragen werden, mit dem schlechten $6 \times 10^{10}$. In der Rundfunk- und Fernsehtechnik entspricht diese Information Nachrichten von einigen Stunden Sendezeit. Erstaunlich, was ein einfaches Blatt dem Organismus in kurzer Zeit alles sagen kann!

Für Eulen ist das bereits zuviel. Das menschliche Auge aber kann sich auch hohen Lichtverhältnissen anpassen, so daß man nicht weiß, ob man die extrem hohe Empfindlichkeit des Eulenauges oder die extrem gute Anpaßbarkeit des menschlichen Auges mehr bewundern soll.

Trotz aller technischer Fortschritte in den letzten fünfzig Jahren gelang es bis heute nicht, den idealen Detektorfähigkeiten biologischer Systeme auch nur annähernd Vergleichbares entgegenzusetzen. Das Beste, das den Physikern bisher einfiel, sind *Photovervielfacher (Photomultiplier)*, die das Licht auf eine photoempfindliche Schicht auftreffen lassen (siehe Kasten, S. 64/65).

Daß ein solches Gerät nicht die extreme Sensivität des Auges erreicht, ist der hohen elektrischen Spannung von mindestens tausend Volt anzulasten, die man für den Betrieb anzulegen hat. Einerseits wird dann zwar ein einziges einfallendes Photon um so besser meßbar, je höher man die Betriebsspannung wählt, andererseits erzeugt aber eben diese Spannung schwache »Kriechströme«, die selbst bei bester Isolation des Elektrodensystems nicht völlig zu vermeiden sind. Diese Dunkelströme (»Rauschen«), die mit der Spannung ansteigen, täuschen einen Lichteinfall vor, der in Wirklichkeit nicht stattfindet. Die Aufgabe des Physikers ist es, nach geeigneter Wahl des Photomultipliers das Optimum zu finden zwischen der Scylla (zwar niedriges Rauschen zu erreichen, aber zu wenig wirkliche Photonen zu messen) und der Charybdis (bei zu hohen Dunkelströmen die wirklichen Photonen des Lebens nicht mehr identifizieren zu können), also entweder überhaupt nichts nachzuweisen oder den »Wald vor lauter Bäumen« nicht mehr zu sehen. Bei tieferer Einsicht in die Geheimnisse unseres Lebens befinden wir uns auch im täglichen Leben stets in einem solchen Dilemma.

## Wie funktioniert ein Photovervielfacher (Photomultiplier)?

Die »Photokathode«, die lichtempfindliche Schicht der Photomultiplier, besteht meist aus Alkali-Metallen – zum Beispiel Natrium, Kalium, Rubidium und Cäsium. Die Elektrode ist in eine evakuierte Röhre eingesetzt und wird geerdet. Weitere Metallplatten (Dynoden) folgen in gleichmäßigen Abständen nach der Photokathode so, daß die Oberflächen aufeinanderfolgender Dynoden einander zugerichtet sind *(Abb. 3)*.

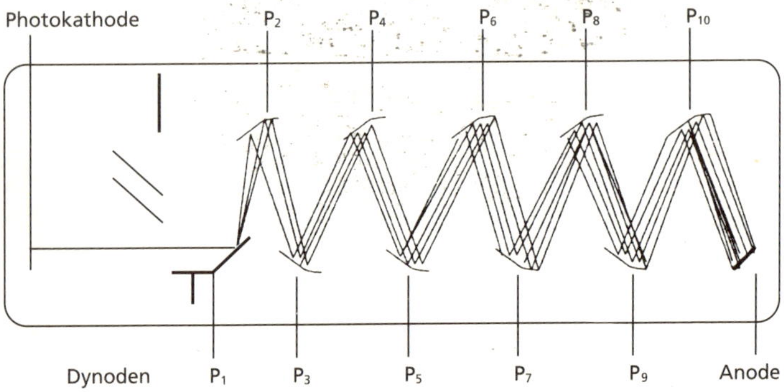


*Abb. 3:* Prinzip des Photomultipliers. Licht, das auf die Photokathode trifft, schlägt Elektronen aus der lichtempfindlichen Schicht. Ebenso lichtempfindlich beschichtete Flächen befinden sich hintereinander angeordnet in der evakuierten Röhre. Man nennt sie Dynoden ($P_1$, $P_2$, $P_3$ bis $P_{10}$). Die aus der Kathode austretenden Elektronen werden durch ansteigende elektrische Spannung zwischen den Dynoden beschleunigt, treffen auf die Dynodenflächen auf und schlagen kaskadenartig immer mehr Elektronen aus diesen lichtempfindlichen Metallflächen. Auf ein Photon, das auf die Kathode fällt, können so Millionen von Elektronen produziert werden, bevor sie auf die Abschlußelektrode, die Anode, auftreffen. Dort können sie als hinreichend großer Stromimpuls mit den üblichen Verfahren moderner Elektronik gemessen werden. Je höher dieser elektrische Impuls ausfällt, um so mehr Photonen müssen auf die Kathodenfläche der Eingangsöffnung aufgetroffen sein. Die hohe kaskadenartige Verstärkung ist notwendig, damit der Photomultiplier noch auf ein einziges Photon ansprechen kann.

Die Dynoden liegen gegenüber der Kathode auf einer positiven Spannung in der Weise, daß jede folgende Dynode gegenüber der vorhergehenden positiv geladen ist. Die Gesamtspannung gegenüber der Kathode läßt sich so im Bereich bis zu etwa 2000 Volt einstellen.

Die Fähigkeit des Gerätes, auch einzelne Potonen zu registrieren, beruht auf dem »Photoeffekt«. Sobald nämlich ein Lichtquant auf die Photokathode aufgetroffen ist, setzt es ein Elektron frei. Dieses negativ geladene Elementarteilchen sieht sich sofort in dem elektrischen Feld zwischen Kathode und der ersten Dynode, die wegen ihrer positiven Ladung das Elektron zu sich hinzieht. Beim Aufprall des Photoelektrons auf die erste Dynode werden nun gleich mehrere neue Elektronen freigeschlagen, die sich jetzt im elektrischen Feld zwischen erster und zweiter Dynode befinden. Da an die zweite Dynode ein höheres positives Potential als an die erste gelegt ist, treibt die elektrische Kraft die Elektronen nun auf die zweite Dynode, wo jedes einfallende Elektron erneut einige Elektronen freischlägt, die wiederum nach dem gleichen Prinzip in die Richtung der dritten Dynode getrieben werden...

In der Schlußbilanz setzt so ein einziges Photon, das auf die photoempfindliche Kathode auftrifft, je nach Zahl der hintereinanderfolgenden Dynoden und abhängig davon, wie die Elektroden angeordnet sind und welche Spannung anliegt, kaskadenartig Millionen von Elektronen frei, die recht mühelos als elektrischer Strom gemessen werden können. Jedem eintreffenden Photon läßt sich so ein elektrischer Impuls zuordnen, und man vermutet richtig, wenn man einen um so höheren Strom erwartet, je mehr Photonen auf die Kathode auftreffen. Nach geeigneter Kalibrierung des Gerätes läßt sich so die Lichtintensität jedes beliebigen Objekts bestimmen.

Als ich 1975 an der Universität Marburg meinem damaligen Doktoranden Bernhard Ruth das Thema stellte, Licht aus biologischen Systemen nachzuweisen, glaubte kaum jemand an die Existenz einer solchen Strahlung (Ruth 1976). Da russische Wissenschaftler, vor allem der Biologe Alexander Gurwitsch, schon in den dreißiger Jahren auf schwache ultraviolette Strahlung aus Zwiebelwurzeln und anderen Pflanzen und Organismen hingewiesen hatten, war von »russischem Okkultismus« oder »Wunder aus der UdSSR« die Rede. Im günstigsten Fall räumte man ein, daß eventuell »Wärmestrahlung« (oder Chemilumineszenz-Reaktionen) im Spiel seien, die biologisch aber sicher keine Bedeutung haben könnten. Selbst der

Doktorand, ein sorgfältig und gewissenhaft arbeitender Experimentalphysiker, erkundigte sich vorsichtshalber vor dem Beginn seiner Planung und Bestellung, ob er auch dann seinen Doktor-Titel erhalte, wenn sich herausstellen sollte, daß biologische Systeme kein Licht aussenden. Das konnte ich ihm gerne bestätigen, zumal dies bedeutete, daß er ein Gerät mit der höchsten Sensitivität bei gleichzeitig hinreichendem Auflösungsvermögen zu bauen hatte.

Ruth entschied sich verständlicherweise für einen Photomultiplier mit relativ großer Kathodenfläche, da die Empfindlichkeit mit der Ausdehnung der lichtempfindlichen Schicht ansteigt. Der Preis dafür: man kann das Gerät nicht mehr bei Zimmertemperatur betreiben, da durch unvermeidbare Kriechströme Photonen vorgetäuscht werden. Aber lieber ein übernervöses Pferd, das sich gezielt beruhigen läßt, als ein Ackergaul, der selbst bei bester Pflege nicht mit einem Rennpferd konkurrieren kann, sagte sich der Doktorand – vor allem auch deshalb, weil es darum ging, einen »Weltrekord« zu erzielen. Der war nötig, denn nur, wenn die Messung am biologischen System weniger als etwa ein Photon pro Sekunde lieferte, hätte man bescheinigen müssen, daß die bekannten Ergebnisse Alexander Gurwitschs aus den dreißiger Jahren, von denen wir im Laufe unserer Vorbereitungsarbeiten hörten, nicht nachvollziehbar seien. Theoretisch mußte das Lichtmeßgerät eine Kerzenflamme aus gut 10 Kilometer Entfernung nachweisen können.

Um das »Rauschen« des Gerätes zu verringern, untersuchte Bernhard Ruth sorgfältig die Meßwerte, die von einem definierten Strahler geringer Intensität ausgingen – dies in Abhängigkeit von der Temperatur des Detektors, von der angelegten Spannung und von verschiedenen Abschirm- und Signalverarbeitungsmaßnahmen. Die Geduld und Sorgfalt, die er damals in zwei Jahren aufbrachte, lohnten sich. Noch heute gehört die Apparatur zu den empfindlichsten, zuverlässigsten und zeitlich stabilsten Photonenmeßgeräten, die je gebaut wurden.

Es bestätigte sich: Alexander Gurwitsch, der Pionier aus Moskau, hatte die Existenz der Lichtstrahlung aus lebenden Systemen bereits in den dreißiger Jahren wirklich nachgewiesen, russische und italienische Physiker folgten ihm in den fünfziger und sechziger Jahren; Bernhard Ruth war 1976 der erste Physiker, der in Deutschland den Beleg für die Existenz der »Biophotonen« erbrachte. Seine Ergebnisse widerlegten erstmals jeden Zweifel an der Existenz. Sie lösten einen regelrechten Boom aus: Heute gibt es weltweit etwa dreißig Forschungsgruppen, die sich intensiv, seriös, aus echtem Forscherdrang und mit den nötigen Kenntnissen ausgerüstet, diesem Feld der Biophysik zuwenden. Allein an der Tohoku-Universität in Japan wurden in den letzten fünf Jahren 200 Millionen Mark für Biophotonenforschung eingesetzt.

Unsere Gruppe arbeitet inzwischen mit Wissenschaftlern aus China, England, Griechenland, Holland, Indien, Italien, Japan, Norwegen, Polen, Rußland, der Schweiz und den USA an der Ergründung der Mechanismen der Eigenschaften der Biophotonen und ihrer Anwendung. Die neuesten Erkenntnisse wurden kürzlich gemeinsam publiziert (Popp 1992, 1998).

Noch immer setzen wir neben zwei neueren Geräten die Apparatur meines damaligen Doktoranden Bernhard Ruth ein, die wie guter Wein mit der Zeit sogar noch besser wird, da sich die störenden Kriechströme über die Jahre hinweg beruhigen. Instabilitäten in Fehlstellen des Detektors, die bei der Fertigung nicht zu vermeiden sind und die die Bahnen für eben jene Kriechströme ebnen, vermindern sich im Laufe der Zeit, etwa so wie sich aufgewirbelter Staub mehr und mehr setzt. Es gibt kein lebendes biologisches System, das in unserer Apparatur nicht signifikant stärker Licht ausstrahlt als die Kontrolle, zum Beispiel die Leerküvette. Die *Abb. 4 a* zeigt das Prinzip einer solchen Messung, die *Abb. 4 b* ein Beispiel.

Man erkennt, daß der Photonenstrom gegenüber dem Rauschpegel der Apparatur mindestens etwa um das Zehnfache ansteigt, sobald man ein lebendes Objekt in den Dunkelraum der Meßkammer vor den Photomultiplier stellt.

Die Intensität reicht von einigen wenigen bis zu einigen tausend Photonen pro Sekunde und pro Quadratzentimeter Oberfläche des lebenden Systems. Das Spektrum erstreckt sich vom Ultraviolett-

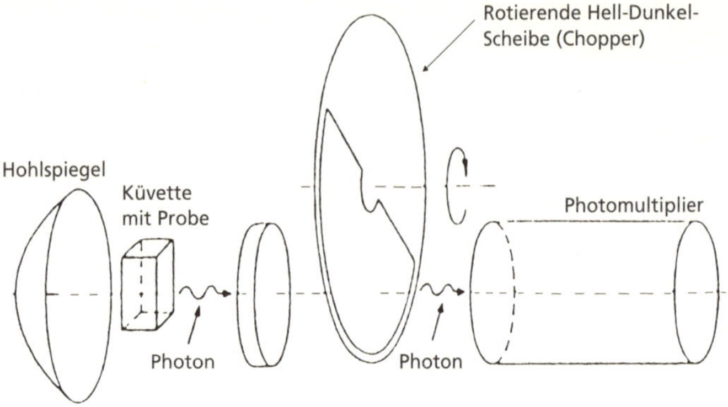


*Abb. 4a:* Prinzip der Biophotonen-Messung. In einem Dunkelraum wird die Meßküvette mit der Probe (dem Homogenat des Lebensmittels) gefüllt. Die Lichtintensität, die auf dem Photomultiplier auftrifft, kann mit Hilfe eines Hohlspiegels verstärkt werden. Farbfilter erlauben die Selektion bestimmter Wellenlängen. Eine rotierende Hell-Dunkel-Scheibe gestattet überdies die Trennung der Signalintensität vom Dunkelrauschen der Apparatur. Die Probe kann vor der Messung auch definiert belichtet werden.

Bereich bis (mindestens) zur Infrarotstrahlung, wo die Emission in die bekannte »Wärmestrahlung« übergeht. Im sichtbaren und im ultravioletten Frequenzband nimmt der relative Unterschied zur Wärmestrahlung jedoch so stark zu, daß die Intensität der Biophotonen bis zu 40 Größenordnungen (das ist eine Eins mit 40 Nullen) höher ist als die der Wärmestrahlen in diesem Spektralbereich bei physiologischen Temperaturen. Einerseits ist so die Intensität sehr gering im Vergleich zum Tageslicht (etwa 18 Größenordnungen niedriger), andererseits aber bis zu 40 Größenordnungen höher als »thermisches Rauschen«.

Was aber verbirgt sich hinter diesen Lichtsignalen aus allen Lebewesen, die wir damals, als Bernhard Ruth fündig wurde, *»Biophotonen«* genannt haben, nicht etwa deshalb, weil wir glaubten, es handle sich um eine neue Art von Licht. Wir wollten damit sagen, daß es sich um Photonen aus biologischen Systemen handelt, die sich von der gewöhnlichen »Bio-Lumineszenz« unterscheiden. Der Ausdruck »Biophotonen« ist inzwischen international als geläufige wissenschaftliche Bezeichnung aufgegriffen worden.

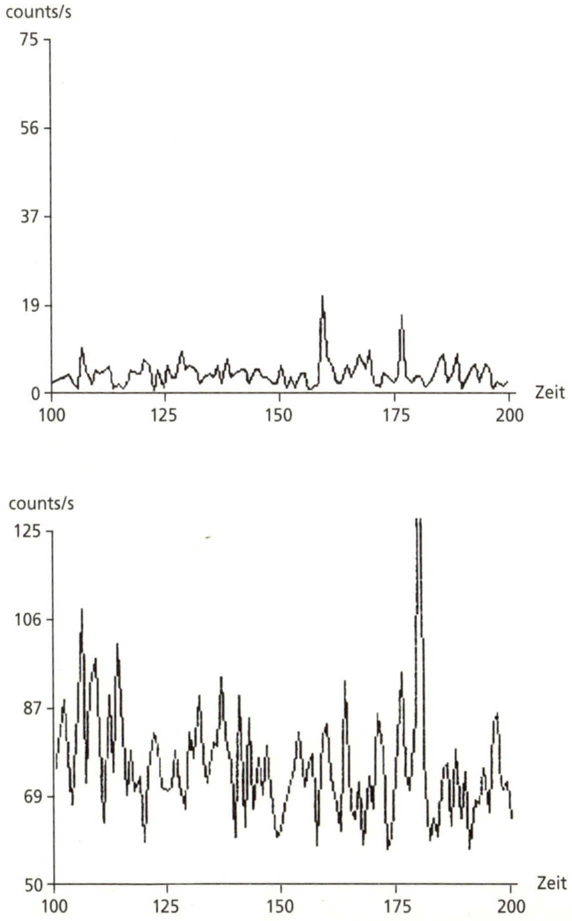


*Abb. 4b:* Oben: Das »Dunkelrauschen« des Biophotonen-Meßgerätes (counts/s) im Verlauf der Zeit, hier willkürlich von 100–200 Sekunden gemessen. Messung bei leerer Meßküvette. Unten: In die Meßkammer bringt man Gurkenkeime. Der Photonenstrom steigt nun von wenigen counts/s auf über 70 counts/s an, ein Beweis dafür, daß die Pflanzen Photonen aussenden. Auch die Fluktuationen um den Mittelwert der Emission steigen an.

Biophotonen-
emission wachsender
Sojakeimlinge

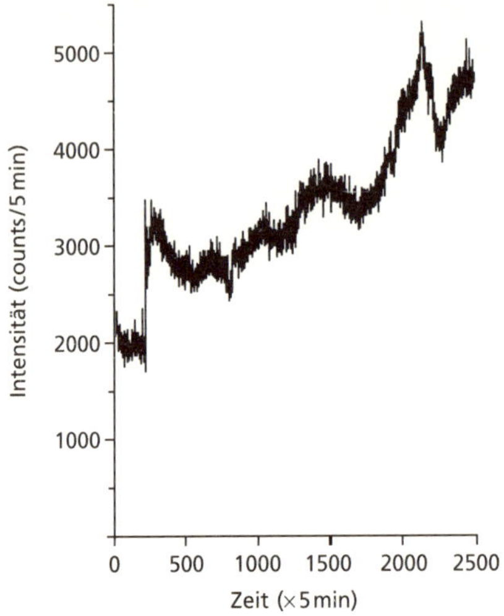


Entsprechende Zunahme
der Masse wachsender
Sojakeimlinge

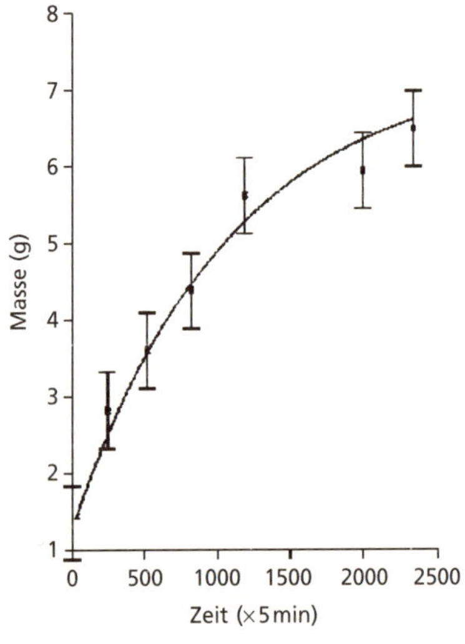


*Abb. 4c:* Die Biophotonenemission wachsender Sojakeime kennzeichnet in ihrem Verlauf die verschiedenen Organisationsformen der wachsenden Keimlinge (Abb. 4c, Bild oben, Eigenstrahlung der über acht Tage wachsenden Sojakeimlinge). In ähnlicher Weise vergrößert sich auch die Masse der Keimlinge (Bild unten), aber keineswegs so fein strukturiert wie der Photonenstrom. Es liegt nahe, die Biophotonen als Steuergröße für das Zellwachstum zu betrachten, und nicht umgekehrt, die Zellteilung als Ursache für Biophotonenemission anzusehen.

Neben der Grundlagenforschung in der Biophysik bewährt sich die Methode heute mehr und mehr in vielen anderen Bereichen, so zum Beispiel,

- um Unterschiede zwischen normalen Zellen und Tumorzellen aufzudecken,
- um Störungen von Umweltbedingungen oder die Wirkung von Agenzien aus der empfindlichen Änderung des Lichtstroms, mit dem biologische Sensoren reagieren, schnell und sicher zu erkennen.

Zu einem weiteren wichtigen Anwendungsgebiet entwickelt sich die Analyse der Qualität von Lebensmitteln. Wir wollen nun auf die Ergebnisse genauer eingehen.

# 4 Lebensmittel auf dem Prüfstand

## Legen zufriedene Hühner bessere Eier?

Der wachsende Konsum von Eiern führte im letzten Jahrzehnt zu Massentierhaltungen, bei denen dem Beobachter nicht selten der Appetit vergeht, wenn er die auf engstem Raum zusammengepferchten Hühner dahinvegetieren sieht. Man unterscheidet zwischen Batterie-, Boden- und Freilaufhaltung, je nachdem, ob die Tiere in Käfigen eingesperrt bleiben, sich im Stall wenigstens bewegen können oder – wie das früher selbstverständlich war – auch ins Freie auslaufen können.

Als Barbara Köhler, eine diplomierte Agronomin, vor einigen Jahren bei mir anklopfte, um vorzuschlagen, Batterie-, Boden- und Freilandeier mit Hilfe der Biophotonen-Analyse zu testen, war ich sofort interessiert. Eier sind einerseits Allerweltsprodukte und scheinbar simple Objekte, andrerseits kann man sie sogar als »Lebewesen« auffassen. Als Paradebeispiele lebender Nahrung eignen sie sich dazu, die Nagelprobe auf Erwin Schrödingers »Ordnungsbegriff« zu machen und so die *Qualitätsforschung* in neue, bessere Bahnen zu lenken.

Der Spuk wäre zu Ende, daß jene Eier, die den Batteriehennen regelrecht abgerungen werden, dem Kunden ausgerechnet als Freilandeier zu mehrfachen Preisen aufgeschwätzt werden. Der Scharlatan wäre in Zukunft überführbar. Ein Damm würde auch in der wissenschaftlichen Dogmatik bersten: Selbst dann, wenn sich die Eier nicht mehr in stofflichen Komponenten unterscheiden, könnten dennoch wesentliche Unterschiede nicht ausgeschlossen werden, so wie bekanntlich zum Beispiel auch Wasser und Eis grundverschieden sind, obwohl sie aus gleichen Molekülen, dem $H_2O$, bestehen.

Andrerseits kann dem leichtgläubigen Kunden nicht mehr überzeugend erklärt werden, daß stoffliche Verschiedenheiten bereits hinreichend irgendwelche Qualitätsunterschiede belegen. Bisher als unbedeutend eingeschätzte Umweltbedingungen (wie »Freiheit« und »Unfreiheit«) könnten sich entscheidend auf die Güte der Lebensmittel auswirken.

Ich bemühte mich, schnell die Mittel für die Forschungsarbeiten von dieser grundsätzlichen Bedeutung zu beschaffen. Auf offene Ohren stieß ich bei der Schweisfurth-Stiftung in München. Schweisfurth hat die Wichtigkeit eines ganzheitlichen Qualitätsbegriffs für Lebensmittel erkannt, lange bevor seine Fachkollegen aus der Lebensmittelbranche dem folgen wollen, können oder dürfen.

Ein Hühnerei ist wirklich mehr als nur ein Paket aus Eiweiß und Eigelb (Lipide, Proteine, Enzyme, Lecithin, Cholesterin, Carotinoide, Vitamine, Spurenelemente und andere lebenswichtige Moleküle): Es bildet ein *Netzwerk* struktureller und dynamischer Ordnung, eine Keimzelle des Lebens.

Die ersten, unsystematischen Versuche an gewöhnlichen Eiern vom Dorf regten uns bereits auf: In der Regel strahlten die homogenisierten Dotter von Freilandeiern nach Vorbelichtung mit einer Wolframlampe intensiver zurück als die Dotter von Käfigeiern. Die Unkenrufe, die aufkamen, brachten Salmonellen ins Spiel, die angeblich in Freilandeiern gehäuft auftreten sollten. Der Einwand ließ sich aber leicht widerlegen. Dann führten die Gegner lebensfrohe Hähne an: Freilandhennen würden im Gegensatz zu ihren eingesperrten Konkurrentinnen häufiger beglückt. Zur Enttäuschung der Sex-Experten zeigte sich, daß befruchtete Eier nicht erheblich höher strahlten als unbefruchtete. Ich konnte einen Lebensmittelchemiker für das Thema interessieren.

Er übernahm die Rolle des »Advocatus Diaboli«, indem er zeigen sollte,

1. daß die höhere Rückstrahlintensität, mit der das bessere Ei wie ein Katzenauge im Dunkeln das Licht eindrucksvoll intensiver zurückwirft, nur ein Zufallsergebnis ist oder
2. daß allein die Chemie den Unterschied erklären kann.

Wir hofften natürlich, daß der Chemiker seine hervorragenden Kenntnisse erfolglos einsetzen würde. Erschrocken waren wir aber, als während der Versuche die Freilandeier, die wir wöchentlich aus einer Hühnerfarm bezogen, in ihrem Nachleuchten unerwartet plötzlich nachließen. Es stellte sich heraus, daß die Hühner erkrankt waren und sich gegenseitig angesteckt hatten. Damit wurde klar, daß der Test auf die »Qualität« der Eier ansprach und nicht auf den Begriff »Freiland«, der heute so freizügig verwendet wird.

Die Art der Hennen, die Farbe der Schale, ob weiß oder braun, das Futter oder das Alter der Eier beeinflußten das Leuchten nur geringfügig. Wir setzten den Dottern künstlich jene Inhaltsstoffe zu, die ohnehin schon vorhanden sind, um zu ergründen, welche Substanzen die Biophotonen-Signale am deutlichsten verändern oder gestalten.

Besonders Lecithin stand im Verdacht, die unterschiedliche Lichtemission von Batterie- und Freilandeiern auszulösen. Wir erlebten eine Überraschung: die Beimengung der gleichen Menge Lecithin, die im Dotter ohnehin schon vorhanden ist, erhöht die Lichtintensität, nicht etwa um das Doppelte, wie man höchstenfalls erwarten könnte – da man nun insgesamt doppelt soviel Lecithin vorfindet wie anfangs –, sondern erstaunlicherweise bis um das Zehnfache. Wir sind zur Schlußfolgerung gezwungen: Das natürlich im Ei vorhandene Lecithin zeigt bei weitem nicht die gleiche Leuchtreaktion wie das im Experiment zugemischte Lecithin. Folglich kann Lecithin im Ei mit Sicherheit nicht als bloße Beimengung vorliegen. Es muß im Dotter so geschickt eingebunden sein, daß es im Lichttest kaum noch reagiert. Die Lichtspeicherfähigkeit des Dotters verändert sich durch die natürliche Einbindung des Lecithins erheblich.

Kein Zweifel, der Photonentest zeigt nicht nur Inhaltsstoffe, sondern auch die Struktur und Ordnung des Lebensmittels an. Im übrigen wiesen die Tests sogar nach, daß in den Freilandeiern keineswegs größere Lecithinmengen vorhanden sind als in den Batterieeiern, nicht einmal einige Prozent mehr. Lecithinmoleküle erhöhen durch ihren natürlichen Einbau in den Dotter die Lichtspeicherfähigkeit infolge eines bedeutsamen Synergieeffekts, der – wie in einer Gesellschaft – die Wechselwirkung der einzelnen Partner untereinander begünstigt.

Nachdenklich wurden wir auch, als Batterie- und Freilandeier zum Winter hin keine Unterschiede in der Lichtemission mehr erkennen ließen. Die Käfigeier hielten ihre Werte während des ganzen Jahres gleichbleibend, die Werte der Freilandeier sanken im Winter auf die niedrigen Emissionswerte der Käfigeier. Als wir mit unserem Latein am Ende waren, kam uns schließlich die »pseudowissenschaftliche« Idee, daß es bei tiefen Temperaturen auch den Freilandhühnern keinen Spaß mehr macht, sich kalte Füße zu holen. Sie überwintern möglicherweise lieber in der schützenden Wärme des Stalles.

Zusammen mit dem Institut für Kleintierzucht der Bundesforschungsanstalt in Celle führte Barbara Köhler dann einen Großversuch mit 325 braunen Legehennen der Herkunft »ISA-Warren« durch. Die Tiere befanden sich im siebten Legemonat. Sie stammten aus dem gleichen Schlupf, wurden unter gleichen Bedingungen aufgezogen und bei gleichem Futter unter gleichen Lichtverhältnissen gehalten. Das Experiment beginnt so: Während einer Eingewöhnungszeit von drei Wochen bleiben alle Hühner gemeinsam im Stall unter Kunstlicht, ohne jeden Auslauf. Die schmalen Fenster der Ställe werden mit Platten abgehängt, damit kein Sonnenlicht in den Stall scheint.

Die Eier werden gesammelt und verschiedenen Untersuchungsmethoden zugeteilt. Zunächst bestätigt sich, daß die Photonen-Meßwerte der Eier aller Hühner während der Zeit gemeinsamen Stallaufenthaltes nicht zu unterscheiden sind. Die Eier werden in Celle als Blindproben so chiffriert, daß der Experimentator über hellseherische Fähigkeiten verfügen müßte, um die richtige Zuordnung mit Hilfe der Codierung herauszufinden. Nach drei Wochen dürfen die Freilandhühner bei gleicher Fütterung auf ein Sandgebiet auslaufen, in dem kein zusätzliches Futter aufgenommen werden kann. Der Untergrund ist mit Kunststoffplatten so präpariert, daß die Hennen weder Kräuter, Würmer oder Ähnliches

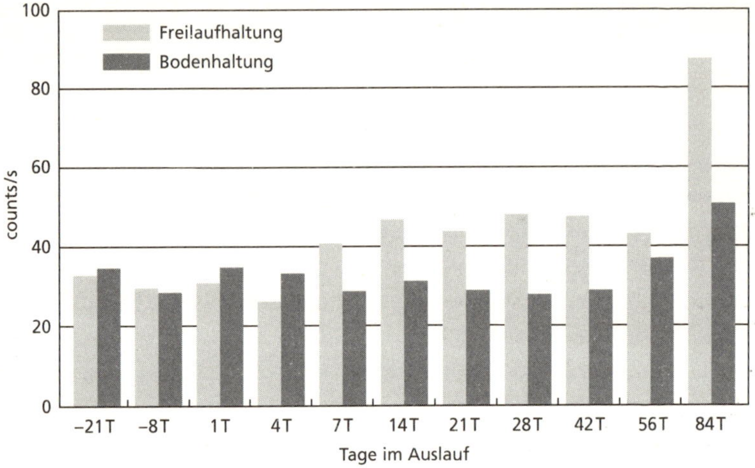


*Abb. 5a:* Die NBw-Werte (Weißleuchtwerte) von Eiern, die aus Bodenhaltung (dunkle Balken) stammen, zeigen deutliche Unterschiede. Die Hühner wurden in den ersten drei Wochen (–21T bis +1T) zusammen im Käfig gehalten. Die Werte ihrer Eier waren in dieser Zeit gleich. Nach drei Wochen wurde die Hälfte der Hennen freigelassen. Die NBw-Werte der Freilandeier (helle Balken) stiegen im Laufe der Zeit (bis nach 12 Wochen) deutlich an. Schon vier Tage nach der Trennung ließen sich die Unterschiede erkennen. 12 Wochen danach lieferten die Freilandeier mehr als doppelt so hohe Werte wie die Käfigeier (s. Seite 88).

ausscharren und aufpicken können. Die Meßergebnisse liegen in *Abb. 5a* vor.

Bereits eine Woche nach Trennung der Hennen unterscheiden sich die Freilandeier von den Käfigeiern. Die Unterschiede verstärken sich noch im Laufe der Zeit. Barbara Köhler wies so erneut nach:

1. Freilandeier strahlen mehr Licht zurück als Käfigeier. Die Unterschiede steigen stärker an, als es allein durch die stofflichen Komponenten möglich wäre.
2. Die Unterschiede beweisen den höheren Ordnungszustand der Freilandeier, ganz im Sinne Erwin Schrödingers.

Erstmals ist so belegt, was der Konsument trotz des Gefeixes aus dem Lager der etablierten Wissenschaftler schon lange ahnte: Es gibt Unterschiede zwischen Batterie- und Freilandeiern, sogar erhebliche. *Abb. 5a* belegt die höhere Leuchtkraft der Freilandeier, *Abb. 5b* ihren höheren Ordnungsgrad, wie sich im Folgenden zeigen wird.

Gemessen wird dabei nicht die Intensität des rückgestrahlten Lichts (wie in *Abb. 5a*), sondern das Abklingverhalten, in ähnlicher Weise, wie das zum Beispiel bei der Messung des Blutdrucks geschieht: Sobald der Arzt die Gummimanschette am Arm aufgepumpt hat, beobachtet er nicht allein den höchsten Meßwert am Gerät, sondern verfolgt auch noch den zeitlichen Abfall des Drucks beim Entweichen der Luft.

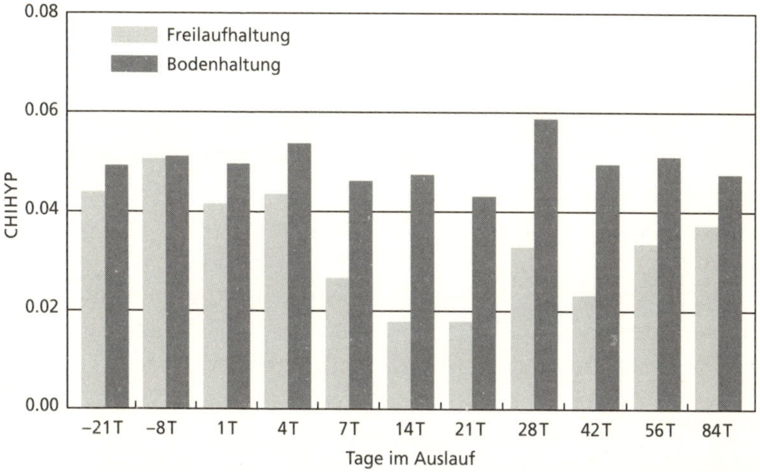


*Abb. 5b:* Nicht nur die Lichtintensitäten *(s. Abb. 5a)*, sondern auch die Übereinstimmung zum höchstgeordneten Zustand (CHIHYP) wurde mit den gleichen Eiern in der gleichen Reihenfolge wie in *Abb. 5a* gemessen und dargestellt. Eine Woche nach Trennung der Hühner lassen sich signifikante Unterschiede im Ordnungszustand der Eier nachweisen. Drei Wochen nach der Trennung herrscht das beste Wetter. Damit zusammen fällt die beste Übereinstimmung der Ordnung der Freilandeier mit der höchsten denkbaren Ordnung. Die schlechteren Witterungsbedingungen sorgen dann auch für eine Änderung des Ordnungszustands. Die Bezeichnung CHIHYP wird hier als Abkürzung für den sogenannten Chi-Quadrat-Wert verwendet. Den Chi-Quadrat-Wert kennt jeder Statistiker. Er ist ein Maß für die Abweichung zwischen der gemessenen und der bestangepaßten theoretischen Funktion. CHIHYP beschreibt die statistische Abweichung zwischen der gemessenen Abklingfunktion und der bestangepaßten hyperbolischen Abklingfunktion. CHIHYP wird damit ein Maß für den Unordnungsgrad der Probe, da im Fall des ideal hyperbolischen Abklingens keine Abweichung besteht, CHIHYP also den Wert 0 annimmt.

Auch bei den Eiern interessieren wir uns zusätzlich für das Abklingverhalten des Lichts nach Abschalten der Anregungslampe. Ungeordnete Eier, in denen die einzelnen Moleküle wie in einem chaotischen Homogenat regellos verstreut sind, geben pro Zeiteinheit stets den gleichen Bruchteil ihres vorhandenen Lichts ab. Sie klingen exponentiell ab, da zu keinem Zeitpunkt die molekularen Quellen der Licht-Reemission miteinander verbunden sind. Geordnete Eier dagegen bestehen aus einem Verbundnetz von Einzelkomponenten, das auch durch Homogenisieren nicht wesentlich zerstört wird. Jedes Teilchen steht dort mit jedem anderen in Verbindung, da alle Komponenten gemeinsam und nicht isoliert mit dem Licht wechselwirken. Das führt dazu, daß die Lichtausstrahlung charakteristisch und »ganzheitlich« verändert wird: Pro Zeiteinheit verliert das untersuchte Objekt nicht mehr den gleichen Bruchteil der gerade vorhandenen Lichtmenge, sondern einen mit *wachsender* Abklingzeit *sinkenden* Prozentsatz. Die Speicherfähigkeit nimmt zeitlich also zu. Man spricht von hyperbolischem Abklingen, da die Intensität mit dem Kehrwert der Zeit geringer wird.

*Abb. 5c* zeigt den Unterschied zwischen exponentiellem und hyperbolischem »Zerfall«.

Wir ermitteln dann rechnerisch die Differenz zwischen dem *wirklichen* Abklingen des Lichts und der *idealen* hyperbolischen Funktion, die den Meßwerten am nächsten kommt. Stimmen Rechen- und Meßkurve überein, wissen wir, daß das betrachtete Objekt ein perfekt geordnetes System sein kann. Die Messung beweist, daß diese Werte (die wir als CHIHYP-Werte bezeichnen) recht zuverlässig die Qualität im Sinne der Schrödingerschen Ordnung anzeigen. Aus *Abb. 5b* erkennt man, daß die Batterieeier während des gesamten Versuchszeitraums etwa gleichbleibende CHIHYP-Werte behalten, während der Unterschied am idealen hyperbolischen Abklingen bei Freilandeiern im Laufe der Wochen abnahm: die Eier erhöhen demnach ihren Ordnungsgrad. In der zweiten und dritten Woche nach Auslauf hatten die Eier die höchste Ordnung. In der vierten Woche steigt der Unterschied CHIHYP deutlich wieder an, ein Zeichen

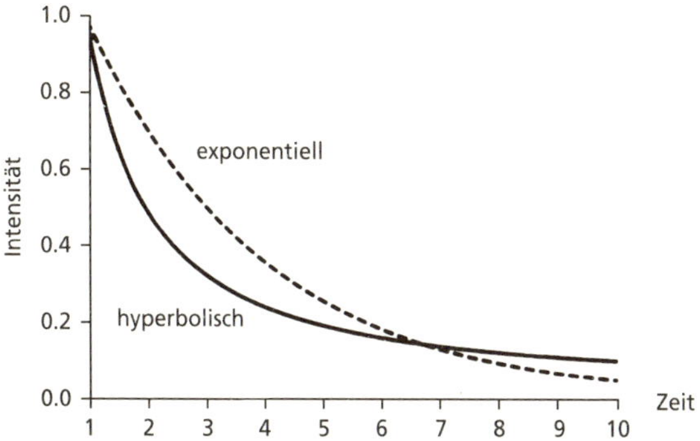


*Abb. 5c:* Bei gleicher Anfangsintensität haben exponentieller (schraffierter) und hyperbolischer (durchgezogener) Abfall der Lichtintensität verschiedenen zeitlichen Verlauf. Bei etwa gleichen Abklingkonstanten bleibt schließlich beim hyperbolischen Verlauf mehr Lichtintensität übrig als beim exponentiellen Abklingen. Exponentielles Abklingen zeigt ein System ohne Gedächtnis, während hyperbolisches Abklingen ein System mit der höchstmöglichen idealen inneren Kooperation kennzeichnet.

nun für sinkende Ordnung. Die Aufzeichnungen der meteorologischen Daten zeigt, daß in der zweiten und dritten Woche herrliches Sommerwetter mit wolkenlosem Himmel vorherrschte, während in der vierten Woche ein Wetterumschwung mit Regenschauern und Dauerbewölkung aufkam.

Erneut stoßen wir auf die *Sonne* als wesentlichen Faktor für Ordnung und »Qualität« der Nahrung im Schrödingerschen Sinne. Hennen, die je nach Wunsch natürliches Sonnenlicht »tanken« oder auch sich jederzeit in den Schatten begeben können, legen Eier, die deutlich besser Licht speichern und wesentlich höhere Ordnung erkennen lassen als jene Hennen, die unfreiwillig künstlichem Licht ausgesetzt sind. Daß nicht die Bewegung der Hühner die Unterschiede verursacht, sondern die natürliche und freiwillige Sonnenexposition, folgt allein schon daraus, daß, wie Barbara Köhler ebenfalls zeigen konnte, Bodenhaltungseier und Batterieeier sich in ihren Photonen-Werten weniger stark unterscheiden als Freiland- und Käfigeier.

Pflanzen, Zellen, Vögel, Menschen, Tiere, so auch Hennen – alles Lebewesen, die empfindlich vom Sonnenlicht abhängen – nehmen die Sonneneinstrahlung auf, Hühner zum Beispiel über die Zirbeldrüse. Dort werden wichtige Hormone produziert. Auch der Biochemiker versteht so, daß die vom Sonneneinfluß gesteuerte Hormonregulation dann, wenn sie die Qualität der Eier bestimmt, im »Ordnungszustand« und weniger in den Substanzen eingreift. Natürlich »schmeckt« ein solches Ergebnis, wie es Barbara Köhler und der andere Doktorand, Klaus Lambing (Köhler 1991, Lambing 1992), gefunden haben, nicht jedem, noch nicht einmal denen, die ähnliche Ergebnisse (bisher erfolglos) anstreben, auch nicht jenen, die mit geschäftlichen Einbußen beim Verkauf falsch deklarierter »Freilandeier« rechnen müssen. Der Leser möge sich beispielsweise überlegen, daß es im Winter bei sehr niedrigen Temperaturen trotz reichhaltigen Angebots Freilandeier gar nicht geben kann! Welche Henne geht schon freiwillig in den Schnee?

Um Zweifler zu überzeugen, wurde ein ähnlicher Versuch in Zusammenarbeit mit der Geflügelzuchtschule Zollikofen (Schweiz) durchgeführt: Erneut strahlten Freilandeier unter definierten Bedingungen signifikant stärker als Käfigeier. In der kalten Jahreszeit verschwanden die Unterschiede.

## Von der Profilneurose zur Faktorenanalyse

Welche reelle Chance hat der Verbraucher gegen jene Produzenten, die ihren wissenschaftlichen Vorsprung rücksichtslos und gewinnträchtig gegen ihn umsetzen? Wer könnte zum Beispiel vor dem Verzehr seines Frühstückseies jene Strebsamkeit und Sorgfalt walten lassen, die Eierkundler (Oologen) auszeichnet: nach Merkmalen suchen, die es ermöglichen, von jedem beliebigen Vogelei auf seinen Erzeuger zu schließen, mit Methoden wie Messung der beiden Hauptsachen, Feststellung des Schalengewichts und des Volumens, Berechnung des relativen Schalenanteils, Untersuchung des Aufbaus und der Oberflächenstruktur der Schale, Analyse der Färbung, Ermittlung des Betrages individueller Variation. Er fände trotz aller Bemühungen keinen Unterschied zwischen Batterie- und Freilandeiern.

Seitdem Barbara Köhler und Klaus Lambing aber belegt haben, daß Freilandeier intensiver und geordneter leuchten als Batterieeier, kann sich der Verbraucher prinzipiell die Tüftelei des Oologen ersparen, bevor er, genüßlich sein Frühstücksei verspeisend, die Qualität zu würdigen sich anschickt. Die Frage aber bleibt: *Was ist Qualität?*

Qualität ist, so lehren die Philosophen, die Beschaffenheit eines Dinges, die sich durch seine Eigenschaften zeigt. Der Konsument ist aber in der Regel kein Philosoph. Hauptsache ist für ihn: das Ding Ei verwöhnt den Gaumen und vermittelt behagliche Sättigung. Schon einfache Besonderheiten wie die relativ geringe Kalorienzahl von etwa 85 Kilokalorien bei einem Gewicht um 60 g oder Inhaltsstoffe wie Wasser, Eiweiß, Mineralien, Stickstoffsubstanzen interessieren den Konsumenten kaum. Ihm ist selten klar, daß sein Appetit nur deshalb optimal befriedigt werden kann, weil dieses gewöhnliche Ding, das Ei, ein höchst komplexes, lebendes Ganzes ist, ein optimaler Nahrungsspeicher, den die Natur im Laufe der Evolution nach genialen Prinzipien entwickelte.

Wem ist überhaupt, wenn er ein Ei aufschlägt, bewußt, daß es nie und nimmer gelingen kann, es technisch wieder so herzustellen, wie es war. Dieses scheinbar simple Kunstwerk der Natur, für ein paar Groschen leicht zu erwerben, verfügt wegen seiner »biologischen« Beschaffenheit bereits über eine so umfangreiche Liste ungewöhnlicher Eigenschaften, daß es vermessen wäre, die »Qualität« allein nur auf einzelne Eigenschaften, schon gar nicht auf die wenigen Meßwerte seiner Biophotonen-Emission, zurückzuführen, denkt man.

Wir sind als Wissenschaftler verpflichtet, loszukommen von der unkritischen Logik »je ... desto«, wie beispielsweise »je größer das Ei, um so höher sein Gewicht, ..., um so größer die Schale, ..., um so besser die Qualität«. Jede einzelne Eigenschaft ist zwar sicher notwendig, nicht aber hinreichend für Qualität. Mit anderen Worten: Jedes Einzelmerkmal ist imstande, die Qualität des Ganzen zu vermindern oder gar zu zerstören, nie aber, sie völlig zu bestimmen oder gar zu repräsentieren.

»Qualität«, ein ganzheitlicher Begriff, wie Gesundheit, Lebensfreude, Vitalität, Ausstrahlung, Flair, Humor, Sympathie, Liebe oder Haß, Intelligenz, setzt sich immer zusammen aus vielen einzelnen »Projektionen« all seiner Merkmale und Facetten, kann aber umgekehrt nicht in isolierte, unabhängige Eigenschaften zerlegt werden. Im Gegenteil: gerade deshalb, weil alle meßbaren Besonderheiten im »Ding an sich« untrennbar miteinander verzahnt werden, entsteht eine völlig neue »Qualitätskategorie«. Das macht Qualitätsforschung schwierig, aber auch notwendig und spannend.

Die Aufgabe besteht letztlich darin, »Qualität« objektiv zu erfassen,

1. ohne sich in der bloßen Aufzählung von Einzelmerkmalen zu erschöpfen, wie beispielsweise in jenen Versuchen, die Qualität einer Frau in ihren Körpermaßen, die Qualität eines Schulzeugnisses im Katalog der Noten oder die Qualität eines Laibes Brot in der Liste seiner tausend Inhaltsstoffe zu erblicken,
2. ohne »ganzheitliche Phrasen« zu benutzen, denen man »Subjektivität« nachsagen muß und die nicht auf objektive Merkmale nach bestmöglicher Urteilsfähigkeit zurückgreifen wie beispielsweise jene oft strapazierten Begriffe »Ausstrahlung« oder »Vitalkraft«, die ohne wirkliche praktische Relevanz bleiben müssen.

Für das beschriebene Problem gibt es jedoch brauchbare Lösungsansätze, nachdem Wissenschaftler verschiedener Fachdisziplinen, vorwiegend Psychologen und Mathematiker, mehr als hundert Jahre um die Lösung gerungen haben. Dabei ging es jahrzehntelang zunächst nur um die bestmögliche Beschreibung einer »geistigen Qualität«, der »Intelligenz« eines Menschen, für den Fall, daß man seine intellektuellen Einzelleistungen kennt. Der britische Psychologe Charles E. Spearman fragte sich Anfang des 20. Jahrhunderts, was die »Intelligenz«, von der viele reden, ohne sie zu kennen, eigentlich ist: ... etwa die Fähigkeit, Bilder zu malen, wie es Leonardo da Vinci konnte, oder aber Kreuzworträtsel zu lösen wie jener pensionierte Finanzbeamte, der nichts unausgefüllt liegenlassen kann, oder Ausreden zu erfinden wie jene italienischen Mafiosi, die so über weite Gebiete herrschen, oder gar die Fähigkeit, sich im rechten Moment aus dem Staub zu machen und zu kneifen, wie die sogenannten »Kriegsgewinnler«, die sich selbst einen höheren Verstand als Mut bescheinigen? Ist es die Fähigkeit, schwierige mathematische Aufgaben zu lösen oder brillante Vorträge zu halten, spannende Bücher zu schreiben oder es lieber zu lassen oder aber im Tennisspiel blitzartig die Situation zu erfassen oder vielleicht im Schach jeden Gegner zu schlagen?

Eben vor dieser Aufgabe stehen wir, wenn wir die »Qualität« eines Lebensmittels aus den vielen möglichen Einzeltugenden bestimmen sollen: Ist es der Katalog an Inhaltsstoffen? Hilft viel wirklich viel? Ist es das Gewicht, die Größe oder Form, das Aussehen, der Geschmack, der Nährwert, der Säuregrad, die Verpackung oder der Preis, der die Qualität bestimmt? Auf den ersten Blick scheint die Antwort trivial zu sein: je mehr von jeder der Tugenden vorhanden ist, um so höher ist die Qualität. Je größer eine Banane ausfällt, je höher ihr Gewicht, je mehr wichtige Inhaltsstoffe und je weniger Schadstoffe sie enthält, je besser sie schmeckt, je mehr Kalorien sie überträgt..., um so höher ist ihre Qualität.

Daß diese einfache Rechnung nicht aufgeht, hängt an einer einzigen, aber entscheidenden Besonderheit: Kein Lebewesen verfügt gleichzeitig über alle Vorzüge in gleichem Maße; oft wächst eine Kompetenz (zum Beispiel die Fähigkeit, mathematische Probleme zu lösen, oder das Gewicht einer Frucht) auf Kosten einer anderen Eigenheit – wie beispielsweise die mathematische Genialität zu Lasten des Sprachgefühls. Im Fall des überschießenden Wachstums steigt die Unfähigkeit, eine ideale harmonische Mischung der Inhaltsstoffe zu erreichen. Wir stehen deshalb immer vor dem Problem, eine den Verhältnissen angepaßte unparteiische Wichtung der Einzeltugenden vorzunehmen, um sie nach den bestmöglichen objektiven Kriterien in den ganzheitlichen Qualitätsmaßstab einfließen zu lassen.

Wir werden, nachdem Methode und Brauchbarkeit der ganzheitlichen Qualitätsanalyse an Beispielen vorgeführt wird, im letzten Kapitel auf den tieferen Grund ebendieser Besonderheit eingehen, daß sich viele Tugenden oder Qualitätsmerkmale gegenseitig ausschließen, ja ausschließen müssen. Wir stehen vorerst vor der Aufgabe, aus dem Katalog vieler Tugenden, die nicht alle gleichzeitig erfüllt sein können, die »Qualität« zu bestimmen.

Wenn mein jüngster Sohn mit einer »2« in Mathematik und einer »5« in Englisch nach Hause kommt, dann sage ich mir, der Junge ist mathematisch begabt und sollte später auf keinen Fall einen sprachlichen Zweig einschlagen. »Halt«, sagt hier der Erfinder des objektiven ganzheitlichen Verfahrens, »diese Überlegung ist falsch. Es könnte ja sein, daß die Klasse einen ausgezeichneten Mathematiklehrer und einen miserablen Englischlehrer hat oder aber einen Mathematiker, der sehr großzügig urteilt, während der Englischlehrer sehr strenge Maßstäbe anlegt.« Das ganzheitliche Verfahren muß deshalb stets einen sauberen Vergleich mehrerer vergleichbarer Proben durchführen, bevor es ein Urteil überhaupt zuläßt: Kenne ich zum Beispiel den Notendurchschnitt der Klasse meines Sohnes in Mathematik und Englisch, dann kann ich mir ein Urteil über seine Fähigkeiten schon viel eher erlauben. Oder bei Lebensmitteln: ohne Vergleich mit anderen, vergleichbaren Produkten ist die Qualitätsanalyse irrelevant.

Das Verfahren, von dem ich schreibe, wurde, wie erwähnt, von Spearman entwickelt, ursprünglich, um die Intelligenz zu bewerten: Kennt man genügend Menschen, denen man die rätselhafte Fähigkeit der Intelligenz zuzuschreiben bereit ist, so kann man aus den intellektuellen Leistungen aller Beteiligten im einfachsten Fall einen einzigen gemeinsamen Faktor bestimmen, meinte Spearman, der auch tatsächlich die typischen Merkmale der Intelligenz aufzeigt. Er enthält eine *bestimmte Mischung* (Gewichtung) aus allen Tugenden, die er *Faktorenladungen* nennt. Keine dieser Tugenden fehlt, jede Tugend kommt in diesem Faktor anteilig zum Zug.

Auf diese bestimmte Mischung kommt es schließlich an: Tritt in diesem Faktor zum Beispiel die mathematische Begabung mit hoher Ladung auf, die künstlerische mit geringer, so muß man, sagte Spearman, der mathematischen Fähigkeit einen höheren Anteil am Zustandekommen der Intelligenz zubilligen als der künstlerischen.

Der gemeinsame Faktor, nach dem Spearman suchte, beschreibt also keineswegs die Intelligenz der einzelnen Gruppenmitglieder. Dieser Faktor enthält das Typische der »Intelligenz« dieser Gruppe überhaupt. Dieses spezielle »Gruppenmerkmal« wird bestimmt durch die »Ladungen«, mit denen die einzelnen Eigenschaften aller Beteiligten zum Faktor »Intelligenz« beitragen.

Diese *Faktorenanalyse* führt so die wirklichen Meßwerte (wie beispielsweise bei Lebensmittel Inhaltsstoffe, pH-Wert, Biophotonen-Meßwerte) schließlich auf zwei Eigenschaften zurück:

1. das »Typische« eben dieser untersuchten Objekte (so bei Lebensmitteln die typische Zusammensetzung an Inhaltsstoffen bei eben der betrachteten Art, den typischen pH-Wert, die typischen Biophotonen-Meßwerte), ausgedrückt durch die *Ladungen* der Faktoren, aber auch
2. die individuelle Ausprägung dieser typischen Eigenschaft bei jedem einzelnen der Objekte, ausgedrückt durch die *Werte* der Faktoren.

Wenn es beispielsweise um die Intelligenz geht, dann sagen die Faktoren*ladungen* aus, welche Eigenschaften in welchem Ausmaß daran beteiligt sind, um intelligent zu sein, während die Faktoren*werte* angeben, in welchem Ausmaß jeder einzelne über die Intelligenz verfügt. Die *Ladungen* hängen von den *Eigenschaften* ab, die *Werte* von den Einzelpersonen. Die Suche nach der Qualität ergibt also:

1. die Faktoren*ladungen*, die angeben, in welchem Ausmaß der »typische« Vertreter als gedachter Repräsentant der ganzen Gruppe über jedes Einzelmerkmal verfügt,
2. die Faktoren*werte* für jedes einzelne Mitglied der Gruppe, die aussagen, in welchem Maße jeder einzelne die typische Eigenschaft aufweist.

Zum besseren Verständnis ein weiteres Beispiel: Nehmen wir an, wir wollten die Qualität von Rosen beurteilen. Wir wissen, daß sie gut aussehen aber auch gut duften können. Beide Merkmale treten unabhängig voneinander auf. Die ideale Faktorenanalyse würde uns bei entsprechender Auswahl der Proben folgende Informationen vermitteln:

1. Wir brauchen mindestens zwei Faktoren *(Dimensionen)*, um die Qualität zu beschreiben, nämlich Aussehen und Duft.
2. Die Unterschiede im Duft sind beispielsweise bei den vorliegenden Proben stärker ausgeprägt als die im Aussehen. Entsprechend wären die *Faktorenladungen* des wichtigsten Faktors 1 mit dem Duft, die des zweitwichtigsten Faktors 2 mit dem Aussehen in Verbindung zu bringen.
3. Die *Qualitätsreihenfolge* im Duft folgt den *Faktorenwerten* des Faktors 1, die Qualitätsreihenfolge im Aussehen den Werten des Faktors 2.

Zurück zur Bewertung der Intelligenz, einer speziellen Form der Qualität, für die die Faktorenanalyse entwickelt wurde. Anstelle der Intelligenz haben wir es bei Lebensmitteln mit einer Qualität zu tun, die wegen ihrer vielfältigen Abhängigkeiten und Besonderheiten ebenso wenig eindeutig zu definieren ist wie die Intelligenz. Aus Erfahrung wissen wir aber, daß sie mit den Meßwerten der Biophotonik im Zusammenhang steht. Die Faktorenanalyse liefert uns aus den Meßwerten der Biophotonenabstrahlung eben zunächst einmal die Faktorenladungen, die uns die Zahl typischer Merkmale und die Zusammenhänge zu den Meßwerten vermittelt. In den Faktorwerten erkennen wir das Maß, in dem jede Probe über die charakteristischen Merkmale verfügt. Diese den einzelnen Proben zugeordneten Faktorenwerte charakterisieren Höhe und Reihenfolge der Qualitäten, über die diese einzelnen untersuchten Proben verfügen.

Könnte man alle methodischen Unsicherheiten ausschließen, die jedoch allein schon durch die Beschränktheit des Probenmaterials in der Praxis unvermeidbar sind, dann wäre die Faktorenanalyse ein brauchbares Verfahren, mit dem eine objektive Qualitätsanalyse aller Lebensmittel gelingen könnte. Sie wäre dann die längst notwendige und brauchbare Ergänzung für die bruchstückhafte, oft nichtssagende oder täuschende Einzelstoffanalytik; sie erst erlaubt den ganzheitlichen Ausdruck »Qualität«.

Da aber natürliche methodische Unsicherheiten nie auszuschließen sind, bietet uns die Faktorenanalyse zwar nicht die perfekte, aber bei sorgfältiger Abwägung aller Unsicherheiten die nach meiner Ansicht bestmögliche Methode zur Qualitätsanalyse vergleichbarer Lebensmittel. Wir wollen die Faktorenanalyse an den einfachen, alltäglichen Beispielen Speiseöl und Tee vorführen und zeigen, daß wir tatsächlich wesentlich mehr über Lebensmittel erfahren, als vorher bekannt war. Es gelingt uns so, die »Qualität« der Lebensmittel zu registrieren und objektiv zu beurteilen, aber auch richtige Schlüsse – die ohne sie nicht denkbar sind – beim Kauf zu ziehen.

## Die Probe aufs Exempel – Speiseöle

Wer hat nicht schon vor den Regalen mit den »kaltgepreßten«, »raffinierten« und nicht-raffinierten Speiseölen in grünen und braunen Flaschen mit einer Vielzahl verwirrender Beschreibungen gestanden und sich gefragt, ob die Qualität überhaupt irgendeinen Zusammenhang mit dem Preis hat, den er bezahlen muß, oder einen Zusammenhang mit dem Bedürfnis, das ihn zum Kauf bewegt... Diese Unsicherheit ist leider berechtigt.

Das merkten auch wir, als das Öko-Test-Magazin, das von der Biophotonen-Analyse der Lebensmittelqualität gehört hatte, uns im Mai 1991 beauftragte, bei einem Verbrauchertest an insgesamt 22 handelsüblichen Sonnenblumenölen teilzunehmen. Die Öle wurden außer mit unserer Methode auch mit den herkömmlichen Laboranalysen getestet. So erfuhren wir neben den Biophotonen-Meßwerten die Linolsäuregehalte, ferner die Verunreinigungen mit Schadstoffen wie Lindan, DTT, Endosulfan, Pirimiphos-Methyl und Hexan, aber auch die »Dämpfungsindices«, die um so kleiner sind, je weniger stark die Öle künstlich behandelt wurden.

Bis zu diesem Zeitpunkt hatten wir mit Ölen allerdings keine Erfahrung. Eben deshalb war die Aufgabe eine Herausforderung für die Methode, die ja Anerkennung finden sollte. Das mußten wir verlangen, da eine neue Methode sicher nur dann eingesetzt werden kann und schließlich auch akzeptiert werden muß, wenn sie die Qualitätsbeurteilung deutlich verbessert. Wir sahen uns in der Rolle von Konzertbesuchern, die nach der Qualität verschiedener Aufführungen gefragt wurden. Wir bekamen zur Auflage, die Urteile mit denen der Instrumentenhersteller zu vergleichen, und waren mit dem Manko behaftet, keine anerkannten Musikkritiker zu sein. Unser Vorteil war, daß wir den Klängen lauschen konnten, wenngleich etwas schwerhörig.

Von den Möglichkeiten unserer Meßinstrumente nutzten wir nur einen geringen Anteil: Wir erfassen die Eigenemission und die zurückgestrahlte Lichtintensität nach Beleuchtung der Öle mit weißem und rotem Licht. Wir verfolgten das Abklingverhalten der Photonenintensität, um die »Speicherfähigkeit« der Probe für Licht zu testen und um herauszufinden, ob das Licht von einem ungeordneten oder von einem geordneten System von Strahlern abgegeben wird.

Auf dem Prüfstand stellt unsere Meßapparatur folgende Fragen an das Öl:

1. Welche Lichtmenge gibt es noch ab, wenn wir die Ölprobe in die Dunkelkammer unseres Meßgerätes stecken? Der Photomultiplier erhält die Antwort in Form der Photonenzahl pro Sekunde, die wir als *»Eigenleuchten«* (»DA-Wert«) dem ersten Merkmal *(Variable 1)* zuordnen. So wissen wir, daß ranziges Öl hohe DA-Werte hat. Die Oxidation von Fettsäuren führt zu einer permanenten Photonenemission im roten Bereich des Spektrums.
2. Welche Lichtmenge strahlt es ab, wenn wir es mit dem weißen Licht einer Wolfram-Lampe beleuchten? Die Antwort – Photonenzahl pro Sekunde über einen bestimmten Zeitraum nach dem Abschalten der Lampe gemittelt – wird als zweites Merkmal *»Weißleuchtwert« (»NBw«, Variable 2)* in die Datenmatrix aufgenommen. Je natürlicher das Öl ist, um so höher sind die Weißleuchtwerte.
3. Welche Lichtmenge liefert es nach Rotlichtanregung? Die Ant-

wort liefert uns den *»Rotleuchtwert« (NBr*-Wert, *Variable 3*), ein Maß für den Geschmack.

4. Wie *schnell* gibt das Lebensmittel sein gespeichertes Licht ab, wenn wir es beleuchtet haben? Um die Abklingzeit zu bestimmen, messen wir die Lichtintensität der Probe zu einem bestimmten Zeitpunkt, also etwa 20 Sekunden nach dem Abschalten der Lampe, und setzen diese späte Nachleucht-Intensität ins Verhältnis zu jener noch sehr hohen Intensität, die unmittelbar nach dem Abschalten als erster Meßwert registriert wird. Dieses Maß für die »Zeitkonstante« bezeichnen wir als die *»Speicherfrequenz«* (*aH*-Wert, der ein »aH-Erlebnis« auslösen soll) und ordnen ihn als viertes Merkmal der *Variablen 4* zu, einer Konsistenzeigenschaft.
5. Wie stark weicht seine Abklingkurve von einer bestangepaßten hyperbolischen Funktion (siehe S. 79) ab? Bei voller Übereinstimmung zur idealen »Ordnung« des Systems erreichen wir den Wert 0. Die Abweichung wird in bestimmten Maßzahlen normiert und als *»Unordnungsgrad«* (*ChiH*-Wert) dem fünften Merkmal des untersuchten Öls zugeordnet *(Variable 5)*.
6. Wie stark ist die Abweichung von dem völlig ungeordneten Zustand, der einem exponentiellen Abklingverhalten entspricht? Wir nehmen das Maß für die Abweichung von der am besten angepaßten exponentiellen Kurve und setzen es ins Verhältnis zur Abweichung von der passendsten hyperbolischen Funktion. Wir nennen den Wert *»Ordnungsgrad« (ChiEH)*. Er wird als sechstes Merkmal registriert *(Variable 6)*.

Die Antworten auf diese sechs Fragen, die unser Biophotonen-Meßgerät mit einer Ungenauigkeit von weniger als 5% registriert, werdenn für alle Öle in eine Datenmatrix aufgenommen *(Tabelle 1)*.
Die *Tabelle 1*, in der wir zur Vereinfachung nur auf sechs typische Vertreter der 22 Öle zurückgreifen und auf die Angabe der Einheiten hinter den Zahlen verzichten, beweist bereits, daß die Biophotonen-Analyse not tut: so starke, überraschende Unterschiede wie in den Meßergebnissen der Biophotonen-Analyse liefert keine

| Öl/Nr. | Eigen-emission | Weiß-leuchten | Rot-leuchten | Speicher-frequenz | Unordnungs-grad | Ordnungs-grad |
|---|---|---|---|---|---|---|
| | Var. 1<br>DA | Var. 2<br>NBw | Var. 3<br>NBr | Var. 4<br>aH | Var. 5<br>ChiH | Var. 6<br>ChiEH |
| 1 | 35 | 179 | 70 | 0.9 | 0.04 | 9.2 |
| 2 | 48 | 32049 | 776 | 2.1 | 0.27 | 7.0 |
| 3 | 154 | 501 | 155 | 1.1 | 0.15 | 5.6 |
| 4 | 23 | 31900 | 124 | 2.6 | 0.12 | 20.5 |
| 5 | 2 | 107 | 27 | 1.1 | 0.10 | 7.0 |
| 6 | 11 | 20570 | 159 | 2.1 | 0.03 | 55.1 |

*Tabelle 1:* In der Tabelle sind für die untersuchten 6 Proben in den Spalten 2 bis 7 die Mittelwerte aller Meßwerte angegeben, in der Spalte 2 ein Maß für das Eigenleuchten (counts/s), in Spalte 3 ein Maß für die reflektierte Photonenintensität nach Belichten mit Rotlicht (ebenso counts/s), in Spalte 4 ein Maß für die Zeit, in der das Rückleuchten auf einen bestimmten Bruchteil des Anfangswertes abklingt (in willkürlichen Einheiten), in Spalte 5 ein Maß für die Abweichung von der bestangepaßten hyperbolischen Abklingfunktion (CHIH oder CHIHYP) und damit ein Maß für den Unordnungszustand, in Spalte 6 ein Maß für die Abweichung von der ideal-chaotischen Abklingfunktion (und damit ein Maß für den Ordnungszustand der Öle).

andere Methode. Der Test deckt – so mag man schlußfolgern – Qualitätsunterschiede gnadenlos auf, Unterschiede, die die anderen Methoden fälschlicherweise nicht ernst genommen haben oder ernst nehmen konnten. Unser Organismus kann durchaus ähnlich sensibel auf diese Unterschiede reagieren wie der Biophotonen-Test. Es wäre fatal anzunehmen, er könne es nicht und müsse wie die chemische Analytik nur auf Inhaltsstoffe ansprechen.

Erstaunlich hoch sind die Abweichungen zwischen den verschiedenen Ölen in den Eigenemissions-(DA)-Werten (von 2 bis 154), auch die in den Weißleuchtwerten, NBw-Werten, (von 107 bis 32049) und schließlich besonders auch im Ordnungsgrad ChiEH-Werten (von 5.6. bis 55.1). Das allein bestätigt bereits: Es lohnt sich, die Qualität zu prüfen, bevor man kauft. Die Preisunterschiede sind bei weitem nicht so hoch wie die Unterschiede in den objektiven Meßwerten der Biophotonen-Analyse.

Wie aber sind diese Zahlen, die uns das Meßgerät signalisiert, zu bewerten? Wir wollen so objektiv wie möglich vorgehen und keine voreiligen Schlüsse ziehen. Betrachten wir uns zunächst die Liste der Produzenten, der Preise, der Produktionsmethoden, der Linolsäureanteile, der Verunreinigungen und der Dämpfungsindices, die von staatlich anerkannten Lebensmittelaborts überprüft und erstellt wurde.

Sofort erkennt man aus dem Vergleich der Biophotonen-Meßwerte *(Tab. 1)* mit den staatlich überprüften Laborwerten *(Tab. 2)*, weshalb drei Öle sehr hohe und drei sehr niedrige Weißleuchtwerte (NBw) aufweisen: Dadurch, daß die Hersteller die Speiseöle Nr. 1, 3 und 5 raffinierten, raubten sie diesen Naturprodukten einen wesentlichen Teil ihrer optischen Anregbarkeit. So sanken die Weißleuchtwerte durch die Raffination um Größenordnungen. Man muß wissen: bei der Raffination (Bleichung der Öle, Entsäuerung mit Natronlauge, Erhitzung bis auf 240 Grad) werden nicht nur, wie beabsichtigt, Schadstoffe entfernt, sondern auch Geruchs-,

| Öl/Nr. | Hersteller | Preis/ 500 ml | raffiniert | Fremdöl-anteil (%) | Linol-säure (%) | Dämpfungs-index |
|---|---|---|---|---|---|---|
| 1 | ... | 1.33 | ja | nein | 65 | 13.6 |
| 2 | ... | 6.30 | nein | <3% | 64 | 0.4 |
| 3 | ... | 2.29 | ja | <3% | 65 | 3.4 |
| 4 | ... | 5.95 | nein | nein | 71 | 0 |
| 5 | ... | 9.98 | ja | >50% | 53 | 6.2 |
| 6 | ... | 5.25 | nein | nein | 67 | 0 |

| Öl/Nr. | Hersteller | Lindan (µg/kg) | Endo-sulfan (µg/kg) | Pirimipho-methyl (µg/kg) | Verpackung |
|---|---|---|---|---|---|
| 1 | ... | 4 | nein | nein | dunkles Glas |
| 2 | ... | 3 | nein | 11 | dunkles Glas |
| 3 | ... | 4 | nein | nein | helles Glas |
| 4 | ... | nein | nein | nein | dunkles Glas |
| 5 | ... | 4 | 19 | nein | helles Glas |
| 6 | ... | nein | nein | 13 | Weißblech |

Quelle: Ökotest-Magazin, Nr. 188, August 1992, S. 14–16

*Tabelle 2*

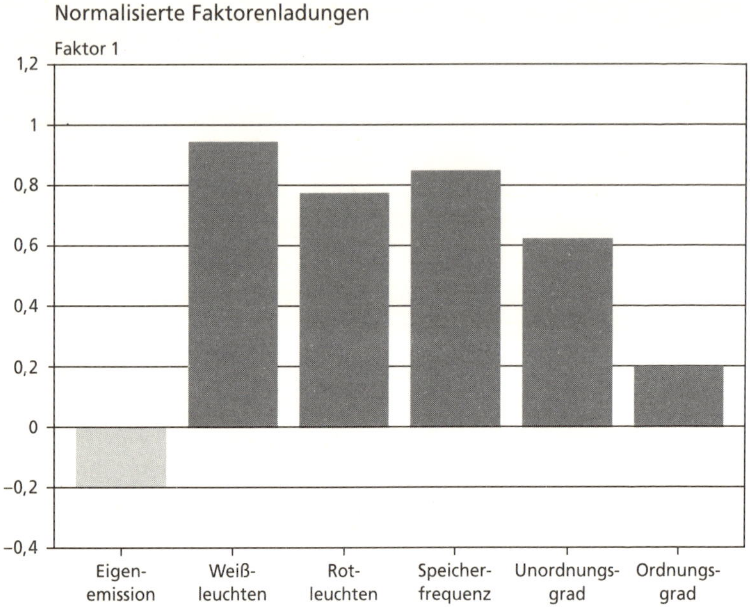


*Abb. 6:* Faktorenladungen der Sonnenblumenöle. Sie zeigen, daß Öle Lichtspeicher sind. Charakteristisch sind hohe Weißleuchtwerte (NBw), die auch mit hohen Rotleuchtwerten (NBr) verknüpft sind. Gleichzeitig steigt die Speicherfrequenz, aber auch die Ausprägung aromatischer Eigenschaften. Sonnenblumen selbst weisen diese Merkmale auf. Durch Raffination gehen solche Vorzüge weitgehend verloren.

Geschmackstoffe und Vitamine zerstört. Der Photonen-Test deckt das auf.

Raffinierte Raffinierer, die ihre heimliche Entsorgung von Schadstoffen nicht zugeben möchten, fürchten den Biophotonen-Test deshalb mehr als die etablierten Methoden, die ihnen wegen der geringeren Schadstoffbelastung sogar noch Prädikate erteilen. Aus allem wird nun klar, daß die Biophotonen-Meßwerte in diesem Fall zunächst einmal die wesentlichen Unterschiede zwischen raffinierten und nicht-raffinierten Ölen aufzeigen: Der typische Faktor der die entscheidende Qualitätseigenschaft der untersuchten Öle in seinen Faktorladungen zu erkennen gibt, unterscheidet streng zwischen *raffinierten* und *nicht-raffinierten* Ölen.

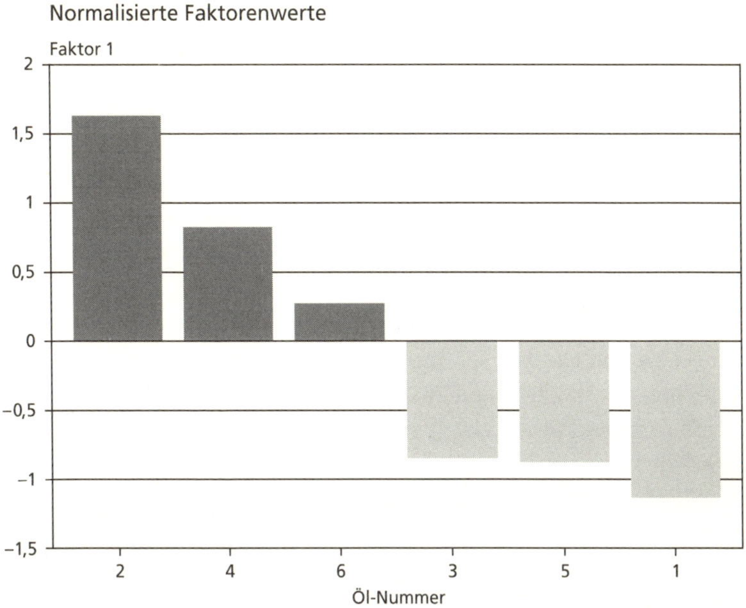


*Abb. 7:* Qualitätseinstufung der untersuchten Öle. Öl Nr. 2 hat die typischen Eigenschaften guter Sonnenblumenöle am ausgeprägtesten, gekennzeichnet durch seinen hohen Faktorenwert für eben jenen ersten Faktor, dessen Ladungen in *Abb. 6* dargestellt sind. Die Öle Nr. 3, 5 und 1 haben diese Eigenschaft durch Raffination vollständig verloren. Ihre Faktorenwerte sind sogar negativ.

Die Faktorenladungen, die angeben, welche Eigenschaften *alle* Öle auszeichnen, sind in *Abb. 6* dargestellt. Relativ hoch sind die Balken der Faktorenladungen für Weiß- und Rotleuchten sowie die Speicherfrequenz. Das bedeutet: Öle speichern Weiß- und Rotlicht relativ stark. Im Schrödinger-Modell bedeutet das: die Sonnenblume, selbst ein hervorragender Speicher von Licht – man mache sich nur einmal ihre eigentümliche stetige Drehung in die Richtung höchster Sonnenbestrahlung klar –, überträgt ihre Eigenheit, Licht zu speichern, auch auf das Öl. Damit bleibt die Besonderheit, Lebensmittel und nicht allein Nahrungsmittel zu sein, weitgehend erhalten. Die Speicherfrequenz klärt uns über die Bereitschaft der Öle auf, ihren Speicherinhalt auf den Verbraucher zu übertragen.

Die Faktorenanalyse erklärt mit den Faktoren*ladungen* in *Abb. 6* das typische Qualitätsmerkmal aller untersuchten Öle. Sie klärt uns aber auch auf, welche Öle diese typische Speicherfähigkeit, mit der man synthetisches und Naturöl voneinander unterscheiden könnte, im höchsten Maße besitzen und welche diese Qualitätseigenschaft am meisten einbüßten. Dazu brauchen wir uns nur die Faktoren*werte* für diesen ersten Faktor der *Abb. 6* anzusehen: die *Abb. 7* liefert die wenig überraschende, dennoch aber aufschlußreiche Qualitätsreihenfolge der sechs untersuchten Öle.

Öl Nr. 2 hat die weitaus besten Charakteristika von Sonnenblumenöl, die Öle Nr. 3, 5 und 1, die raffiniert wurden, lassen sich im Sinne der Biophotonen-Analyse als »Anti-Sonnenblumenöle« begreifen. Das »Preis-Leistungs-Verhältnis« kann man sich anhand der *Tabelle 2* klarmachen.

Wir wollen auf die Mühe verzichten, noch weitere Faktoren und Faktorenwerte des untersuchten Öls zu analysieren. Tatsächlich liefert die vollständige Faktorenanalyse bei konsequenter Durchführung schließlich die folgenden Ergebnisse:

- Faktor 1 beschreibt mit etwa 46% aller Qualitätsmerkmale die Lichtspeicherfähigkeit der Öle und trennt im wesentlichen die nichtraffinierten Öle von den raffinierten (siehe hierzu die *Abb. 6* und *7*). Neben dem Faktor 1 kann man auf gleiche Weise einen weiteren bedeutenden Faktor 2 (dessen Ladungen und Werte) berechnen.
- Faktor 2, der immerhin noch etwa 37% der Öleigenschaften charakterisiert, zeigt stark gegenläufige Faktorenladungen für Unordnungs- und Ordnungsgrad (ChiH und ChiEH), was als typisches Merkmal für den Ordnungszustand der Öle im Sinne Erwin Schrödingers anzusehen ist. Die Faktorenwerte dieses zweiten gemeinsamen Faktors aller Öle zeichnen hier Öl Nr. 6 vor Öl Nr. 4 aus, während Öl Nr. 3 am Schluß der Qualitätsreihenfolge aller Öle liegt. Öl Nr. 2 schneidet übrigens auch nicht gut ab, womöglich als Konsequenz des Schadstoffgehalts.
- Faktor 3, der noch etwa 10% der Merkmale der untersuchten Öle wiedergibt, entlarvt Öl Nr. 5 als das weitaus problematischste in

diesem speziellen Faktor, deckt so auch dessen hohen Fremdölgehalt auf. Beweisen kann er es im einzelnen freilich nicht.

Die Biophotonen-Analyse ersetzt nicht die Analytik der Inhaltsstoffe! Sie kann »nur« ganzheitliche Qualitätskriterien liefern. Sie erzählt die Vorgeschichte der untersuchten Lebensmittel, ihre ganzheitliche Tauglichkeit, legt uns nahe, welche Auswahl wir nach dem bestmöglichen objektiven Verfahren treffen könnten, deutet uns an, wie unser Körper auf das Lebensmittel reagieren wird, ob die Nahrung eine frohe Botschaft liefert, aromatisch ist oder »nur« unsere innere Ordnung aufbauen kann, ob das Preis-Leistungs-Verhältnis stimmt, ob die Ware bereits vergammelt oder ranzig ist.

## Tee ist nicht gleich Tee

Pfeifenraucher und Teetrinker, oft beides in einer Person, sind für mich Reinkarnationen von Sherlock Holmes. Behaglich ziehen sie den Tabakrauch ein und schlürfen genüßlich den heißen Aufguß der Droge, wobei vielfältige Kombinationen von Gedankenspielen ihre Hirnwindungen durchkreisen, ihnen schöpferisch und frei die Lage der Welt vermittelnd.

Welchen Schock müssen sie erlebt haben, als die Medien vor dem Schadstoffgehalt in ihrem Lieblingsgetränk warnten, in so dramatischer Weise, daß sich nur noch ein echter Sherlock Holmes mit dem Tee überhaupt befassen sollte. Er müßte die schier unlösbare Aufgabe übernehmen herauszufinden, welchen Tee man ohne Reue noch genießen kann.

Tatsächlich sagen die Toleranzwerte für den Schadstoffgehalt diverser Giftstoffe wenig aus über die wirkliche Qualität. Die Teezeremonie wird zur Farce, wenn die »Information« der Pflanze durch eine Vielzahl von Verunreinigungen geschädigt wird, auch dann, wenn keine akute Gefahr für die Gesundheit besteht.

Ein modernes Märchen aus Norddeutschland könnte Abhilfe schaffen: Es war einmal ein Prinz, der argwöhnisch den Hofstaat des Landes beäugte und sich vornahm, den Menschen von Grund

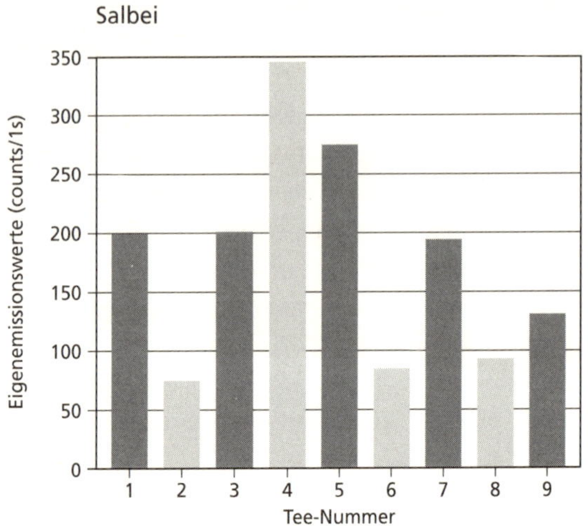


*Abb. 8a:* Eigenemissionswerte (DA-Werte) in Einheiten der Zählraten von counts pro Sekunde. Tee Nr. 4 hat die höchste Eigenemission, Tee Nr. 2 und 6 die niedrigsten Zählraten.

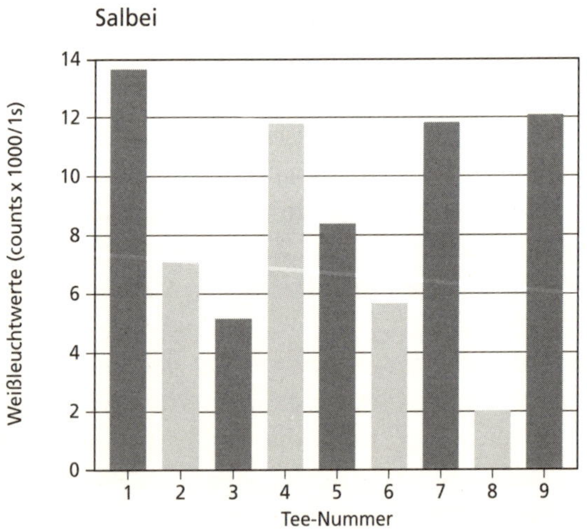


*Abb. 8b:* Weißleuchtwerte (NBw) der verschiedenen Salbeitees. Die Tees Nr. 1, 4, 7 und 9 haben die höchsten Weißleuchtwerte, Tee Nr. 8, ein Beuteltee, schneidet am schlechtesten ab. Die Rotleuchtwerte sind ähnlich. Sie ändern nichts an der Gesamtbeurteilung. Wir lassen sie deshalb weg.

auf zu helfen, indem er ihnen wirklich gute Qualität von Salbeitee verschaffte.

Er suchte sich einen Hof weitab vom Autobahnverkehr in einer der Gegenden, in denen die Luft noch rein und das Wasser noch nicht mit Chemikalien verseucht war. Den Boden pflegte er ohne ideologische Verblendung, ohne Mineraldünger, gelegentlich mit Gründünger aus eigenem biologischen Anbau, so daß der Salbei, den er darauf züchtete, von Jahr zu Jahr herrlicher gedieh, schöner wuchs und ein edleres, unverfälschtes Aroma entfaltete.

Der Prinz schlüpfte in die Rolle des dienenden Landwirts und fand Gefallen an jeder Pflanze, die er einzeln hochzog und pflegte wie seine eigenen Kinder. Weder Herbizide noch Fungizide oder Pestizide mutete er seinen Sprößlingen zu. Statt dessen rückte er dem Unkraut mit der Handhacke zu Leibe oder verwendete Geräte, die von Pferden gezogen wurden, um den Bodendruck möglichst gering zu halten.

Die Ernte erfolgte mit einem Gerät, das von einem Pflanzenöl-Motor angetrieben wurde. Den Salbei trocknete er in einem Solar-Trockenhaus bei maximal 35 °C. Und so ergab es sich, daß er neben der herkömmlichen Analytik, die ihm die Unbedenklichkeit seines Tees bescheinigte, nach sieben Jahren auch die Biophotonen-Analyse befragte, ob seine Tees wirklich die besten im ganzen Land seien.

Als Verbraucher verkleidet kaufte der Prinz in verschiedenen Apotheken und Reformhäusern handelsübliche Proben von Salbeitee und schickte uns insgesamt neun, mit den Ziffern 1 bis 9 verschlüsselte Päckchen zu.

Wir füllten immer gleiche Mengen Tee gleicher Konsistenz in die Meßküvetten und registrierten

- die *Eigenemissionswerte* (DA) als Maß für die Rest-Intensität nach Anregung mit weißem Licht,
- die *Weißleuchtwerte* (NBw) als ein Maß für die Lichtemission nach Weißlichtbeleuchtung der Proben,
- die *Speicherfrequenzen* (aH), die angeben, wie schnell das Speicherlicht wieder abgegeben wird,

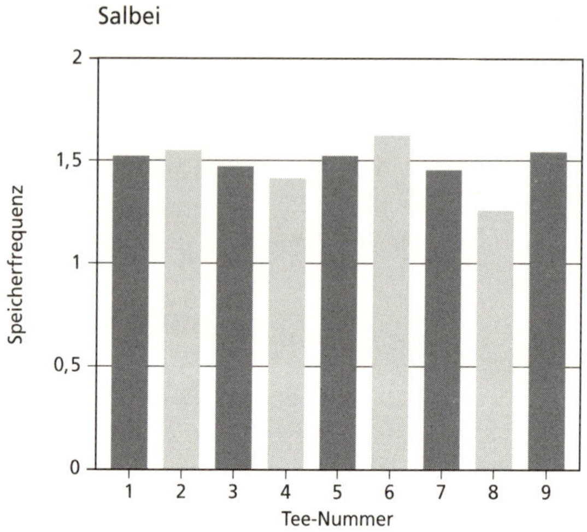


*Abb. 8c:* In den Speicherfrequenzwerten (aH) gibt es kaum Unterschiede zwischen den verschiedenen Tees.

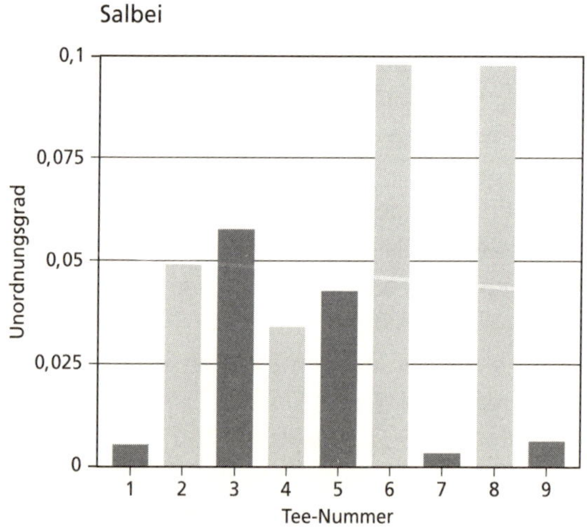


*Abb. 8d:* Unordnungsgrad (ChiH-Werte) der Tees als relative Abweichung von der ideal hyperbolischen Relaxationskinetik. Die Tees Nr. 1, 7 und 9 zeigen deutlich die geringste Unordnung im Sinne der Kohärenz.

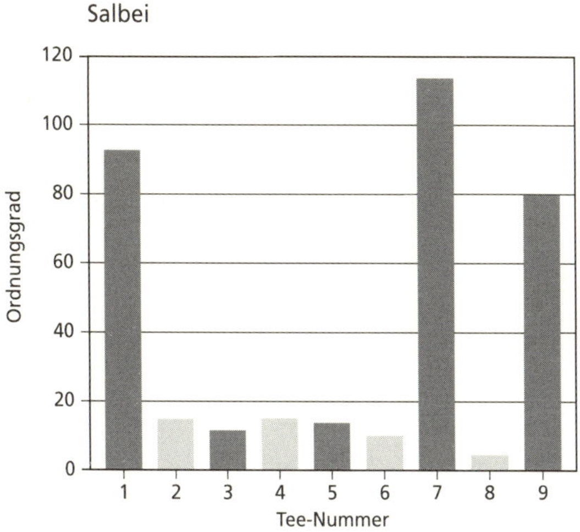


*Abb. 8e:* Ordnungsgrad (ChiEH-Werte) der Tees als relative Abweichung vom exponentiellen zum hyperbolischen Abklingen. Erneut fallen die Tees Nr. 1, 7 und 9 auf. Sie weisen den weitaus größten Ordnungsgrad im Sinne der Kohärenz auf.

- die *Unordnungsgradwerte* (ChiH), die die Nichtübereinstimmung mit der hyperbolischen Abklingfunktion signalisieren,
- die *Ordnungsgradwerte* (ChiEH), die den relativen Abstand zum ungeordneten Zustand angeben.

Auf die Darstellung der Rotleuchtwerte verzichteten wir, da – wie sich herausstellte – wesentlich neue Informationen durch Rotlichtanregung im Fall der Tees nicht hinzukamen.

Während sich die Speicherfrequenzen (aH-Werte) nur geringfügig unterscheiden, fallen deutliche »Muster« auf im Vergleich der Weißleuchtwerte sowie der Ordnungs- und Unordnungsgrade. Die Tees Nr. 1,7 und 9 zeichnen sich durch die höchsten Weißleuchtwerte, die weitaus niedrigsten Unordnungs-(ChiH-) und die auffällig höchsten Ordnungs-(ChiEH-)Werte aus. Sie haben also einen ausgezeichneten Schrödinger-Faktor, den besten Ordnungszustand aller Tees. Tee Nr. 8 verhält sich völlig gegensätzlich.

Die Identifizierung der Proben geschah nachträglich durch die

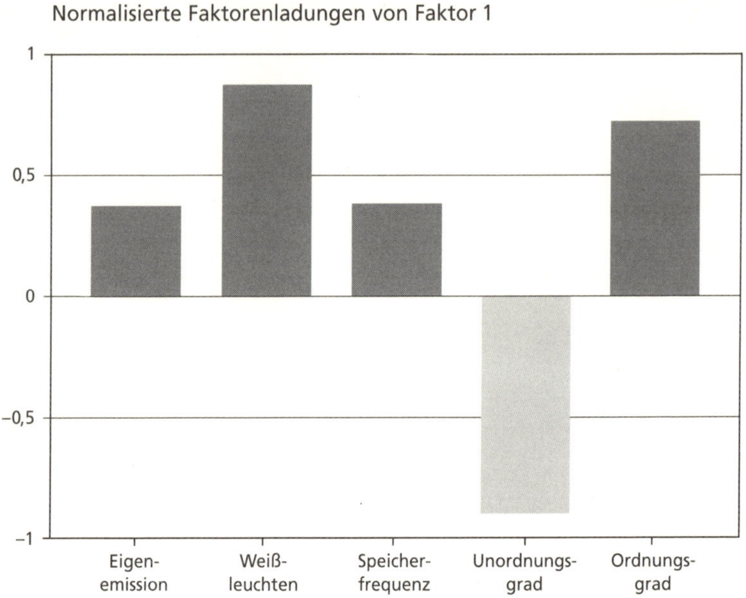


*Abb. 9:* Typische Qualitätseigenschaften der Salbeitees, ausgedrückt durch ihre Faktorladungen für den ersten (wichtigsten) Faktor, der den Ordnungszustand beschreibt. Mit wechselndem Nachleuchten nach Weißlichtanregung (NBw) steigt die Ordnung (Übereinstimmung zum hyperbolischen Abklingen und Abweichung vom exponentiellen Abklingen, ChiH bzw. ChiEH) an, während die Speicherzeit (aH-Wert) zunimmt. Auch Tees sind hervorragende Lichtspeicher für Weißlicht.

Messung in einem anderen Labor mit einem ähnlichen Gerät, das wir dorthin geliefert hatten. Es war nicht bekannt, welche Proben welche Nummern trugen.

Und so erwies sich, daß die Teesorten 1, 7 und 9 vom Hof des Prinzen stammten, der erwähnten Landfläche mit idealer Pflege und Bewirtschaftung.

Mit der Faktorenanalyse war wiederum eine Analyse möglich, die zu folgenden Einsichten verhilft: *Abb. 9* zeigt die Ladungen für den wichtigsten, den Faktor 1, der etwa 55% der Tee-Eigenschaften beschreibt. Mit steigendem Weißleuchtwert (NBw) steigt der Ordnungszustand, gekennzeichnet durch sinkenden Unordnungs-(ChiH-) und ansteigenden Ordnungs-(ChiEH-)Wert, typisch für

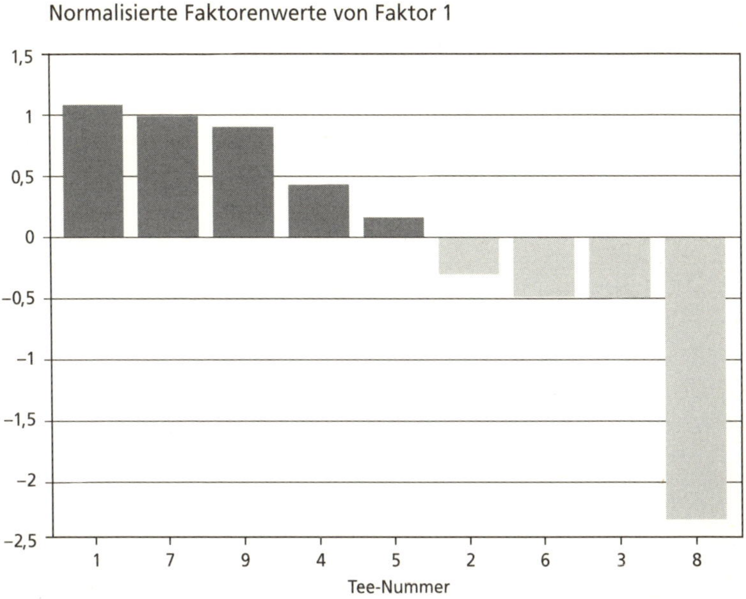


*Abb. 10:* Qualitätseinstufung der 9 Salbeitees nach der Rangordnung ihres wichtigsten (ersten) Faktors, dessen Ladungen in Abbildung 9 dargestellt sind. Die Tees Nr. 1, 7 und 9 haben in dieser Reihenfolge die höchsten Faktorwerte und müssen demnach auch als die qualitativ wertvollsten gelten. Vom Kauf des Tees Nr. 8, eines Beuteltees, ist nach dieser Analyse abzuraten. Er hat sogar sicher einen negativen Faktorwert.

den Schrödinger-Faktor. Die Reihenfolge der Qualität nach diesem Faktor erkennt man in *Abb. 10.*

Weit an der Spitze rangieren die Tees eines Hofs in Niedersachsen, abgeschlagen am Ende liegt der Beuteltee Nr. 8. Der Tee Nr. 5 stammt aus der Ernte 1989 von einer Salbei-Plantage in Bayern, die ähnliche Anbaumethoden übernahm. Wie in jedem Märchen sind die Personen und deren Motive frei erfunden, während wir uns andererseits für die wesentlichen Fakten verbürgen.

Teil III

# Die Botschaft der Nahrung

# 5 Wie wir die Regelkreise der Nahrung verstehen lernen

## Unbekannte Risiken

Früher gehörte der Verzehr von Innereien – Leber, Schweinenierchen oder Hirn – zu den beliebten Delikatessen, die sich jeder gönnen konnte und die zudem wegen ihrer Spurenelemente auch gesund waren. Heute, im Sog der allgemeinen Umweltbelastung, verbietet es die Vernunft, die verseuchten, mit Cadmium, Blei, Quecksilber und Antibiotika angereicherten Organe auf den Speiseplan zu bringen: Der scheinbaren Erweiterung unserer Nahrung durch »natürliche« Zusätze, genetische Manipulationen und immer raffiniertere Produktionsverfahren steht eine tatsächliche Verarmung an wirklich natürlichen und gesunden Lebensmitteln gegenüber.

Wer hat sich nicht schon ähnliches überlegt oder davon gehört? Solche Regelkreise sich gegenseitig bedingender Widersinnigkeiten treten gelegentlich auf, häufen sich sogar in einigen Gegenden der Welt. Sie gehören zu den Krankheitserscheinungen der Gesellschaft. Ihre Diagnose kommt auf Dauer an bestimmten Einsichten nicht vorbei:

1. In einem vernetzten System vermag ein einziger negativer Impuls den Umschwung aller Werte herbeizuführen – es besteht so, und nur so, die anhaltende Gefahr, daß sich die Krankheit ausbreitet.
2. Solange man nur Symptome beschreibt, gibt man keine Diagnose ab. In Wahrheit bestimmen verzahnte Wechselwirkungen das Geschehen.

Die Biophotonen-Analyse wird dieser Komplexität »biologischer Systeme« gerecht, weil sie eben solche Wechselwirkungen im Gegensatz zu den herkömmlichen Analysemethoden berücksichtigt. So erhält man mit den geläufigen biochemischen Untersuchungen zwar im Fall des Salbeitees einen eindrucksvollen Katalog von Merkmalen, wie die Reinheit der Proben, den Gehalt an ätherischem Öl, an Gerbstoffen, Bitterstoffen, Antrachinonglykosiden, Hyperoxid, Azulen, den Stengelanteil, Verfärbungen, den Massenverlust nach Trocknung, Aschengehalt und anderes mehr. Die Liste sagt *nichts* aus über die diffizilen Abhängigkeiten der einzelnen Komponenten voneinander, ihre Wechselbezüge, die dafür sorgen, daß aus dem Miteinander und dem Gegenspiel aller Komponenten ein harmonisches, abgerundetes Elixier entsteht. Ohne die Biophotonen-Analyse hätte der um die Qualität besorgte Landwirt nie herausgefunden, daß sich seine Mühe gelohnt hat.

Sherlock Holmes würde aus *Abb. 9* auf S.100, also den Werten des Faktors 1 für alle Salbeiteeproben, den Schluß ziehen, daß nur die fünf ersten Tees echte Salbeitees sind, während die anderen, »negativen«, im Sinne der »verkehrten Gesellschaft« als »Anti-Tees« zu gelten haben, deren Kauf man sich überlegen sollte.

Diese Biophotonen-Analyse deckt komplexe Zusammenhänge auf, mit Vorzügen, wie sie ganzheitliche, objektive Methoden bieten, aber auch mit Nachteilen: hohe Sensitivität gefährdet die Reproduzierbarkeit, die richtige Beurteilung der Meßwerte setzt Erfahrung und Fingerspitzengefühl voraus.

Wer die Methode richtig zu nutzen versteht, kann sich einer Menge neuer und nützlicher Einsichten nicht verschließen. An über hundert verschiedenen Lebensmitteln, die wir in den letzten zehn Jahren untersucht haben (Köhler 1991), konnten wir teilweise verblüffend einfache und schlüssige Antworten auf brennende Fragen unserer Zeit gewinnen:

So trifft es nicht zu, daß »biologische« Waren stets besser als »konventionelle« Lebensmittel sind. Abgesehen von haarsträubender Scharlatanerie selbst bei angeblich seriösen Bioverbänden täuscht man den Verbraucher, wenn man ihm zum Beispiel vorgaukelt, die Lebensmittelqualität hinge nur von der Düngevariante ab. In Wirklichkeit sind die Qualitätsunterschiede zwischen biologisch gedüngter und nicht überdüngter konventioneller Ware in der Regel klein gegenüber den Einflüssen der Sortenauswahl, der klimatischen Bedingungen, der Bodenbeschaffenheit und vor allem der Sonnenexposition *(Abb. 11)*.

Auch der Frischezustand spielt eine wesentliche Rolle. Tiefgefrorene Lebensmittel erleiden je nach Art der Nahrung und je nach der Einfriermethode moderate bis katastrophale Qualitätsverluste *(Abb. 12)*.

Auch die Frage, ob Mikrowellenbehandlung schädlich sei, ist in dieser Form falsch und irreführend gestellt: Abhängig von der Art

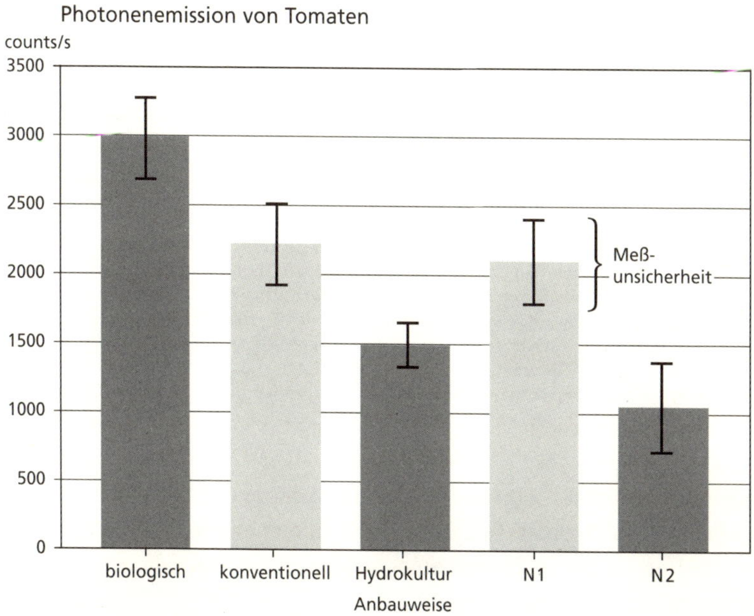


*Abb. 11:* Die Weißleuchtwerte (NBw-Werte) von Tomaten gleicher Sorte nehmen im allgemeinen mit sinkender Qualität ab. In Abhängigkeit von der Düngervariante erhält man die Tendenz einer Qualitätsreihenfolge: Ideale biologische Düngung, ideale konventionelle Düngung, gering mit Stickstoff unterdüngte Proben, Hydrokultur, deutlich mit Stickstoff überdüngte Proben. Die Proben stammen aus einer kontrollierten statistischen Studie, die zusammen mit der Universität Hohenheim durchgeführt wurde. Die Fehlerbalken kennzeichnen die Meßunsicherheiten, die durch die Variation des Probenmaterials entstehen.

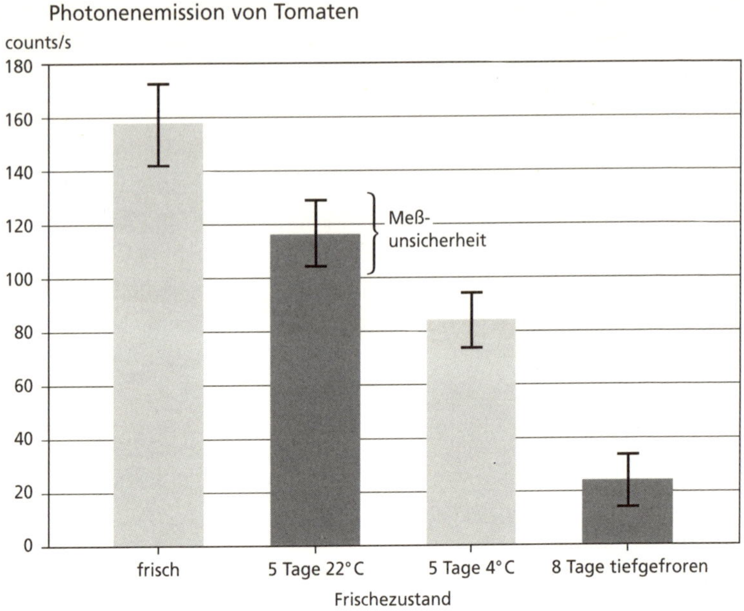


*Abb. 12:* Der Frischezustand führt im allgemeinen zu einer Änderung der Eigenlicht-(Biophotonen-)Emission der Tomatenhomogenate. Mit abnehmender Qualität nehmen die Werte ab. Im Beispiel der Abbildung handelt es sich um frische Tomaten, solche, die 5 Tage bei 22° Celsius aufbewahrt wurden, ferner um Proben, die 5 Tage bei 4° Celsius gelagert wurden, und schließlich um solche, die 8 Tage tiefgefroren waren. Die Tomaten werden im gleichen Zustand (jeweils gleiche Menge bei gleicher Temperatur) gemessen. Die Fehlerbalken kennzeichnen die unvermeidlichen Fehler durch die Inhomogenität des Probenmaterials. Nicht viel anders sieht es bei Genfood aus.

der Lebensmittel, zum Beispiel ob es sich um Gemüse oder Fleisch handelt, und je nach Leistung und Dauer der Exposition erreicht man Vor- *und* Nachteile, gelegentlich auch Vor- *oder* Nachteile gegenüber dem herkömmlichen Kochen.

Ähnlich vage und unaufgeklärt sind die Gefahren der Strahlenkonservierung: Die Biophotonen-Analyse vermag unter bestimmten Bedingungen, die wir noch nicht vollständig überblicken, bestrahlte und unbestrahlte Ware zu unterscheiden. Erneut scheinen die Qualitätsunterschiede empfindlich von der Art der Lebensmittel, den vielfältigen Behandlungsformen und natürlich auch vom

Alter abzuhängen. Zur Lösung ungeklärter Probleme kommt man um systematische Untersuchungen nicht herum: Neben der herkömmlichen Analytik muß die Biophotonen-Analyse alle Parameter – wie Art, Sorte, Aufzucht, Aufbereitung, Behandlung, Beschaffenheit und Alter – systematisch erforschen, auch wenn dies nicht von heute auf morgen gelingen kann.

Dennoch arbeitet die Biophotonen-Analytik verhältnismäßig schnell, preisgünstig und zuverlässig. Wenn dieses objektive und sensible Meßverfahren keine Unterschiede zwischen zwei Proben erkennt, dann sind mit hoher Wahrscheinlichkeit auch tatsächlich keine Qualitätsunterschiede vorhanden. Von welcher der herkömmlichen Methoden läßt sich das behaupten?

Ohne daß man sich auf Ideologien überhaupt nur einzulassen braucht und auch dann, wenn die Biochemie keine Rangordnung mehr zu liefern vermag, erlaubt die Faktorenanalyse die Beurteilung von Qualitätsunterschieden, die dem Hersteller von Lebensmitteln oder dem Händler den augenblicklichen Qualitätsstand seiner Produkte unter Umständen zuverlässiger signalisieren als Meinungsumfragen, Bilanzen, die Standardwerte der herkömmlichen Analytik oder Geschmackstests. Er kann erkennen, ob sein Preis-Leistungs-Verhältnis stimmt, und was er zu tun hat, um es zu verbessern.

Die Interpretation, die wir der Biophotonen-Analyse entnehmen können, erweitert also das Lebensmittel-Bewußtsein, das Verständnis des sensiblen Wechselspiels zwischen Nahrung und Konsumenten. Sie schafft positive Konkurrenz, indem dem Verbraucher die qualitativ besten Produkte angeboten werden müssen, und nicht jene, die Qualität lediglich vortäuschen.

In der Nahrungskette beginnt so ein entscheidender positiver Impuls, der sogar zur Umkehr einer verkehrten Welt beitragen könnte: Behaglichkeit nach dem Essen anstatt Völle mit dem Gefühl, nicht satt zu sein. Anstatt Fettpolster anzusetzen, die Sensitivität zu betäuben und gleichzeitig nervös und unkonzentriert auf äußere Reize zu reagieren, stärken und schärfen wir unsere Antennensysteme durch hochqualitative Nahrung, die nicht unbedingt teurer sein muß, schon allein deshalb, weil wir mit weniger auskommen.

Durch objektive gute Qualität der Lebensmittel verbessern sich die Beziehungen innerhalb der Lebensgemeinschaften, aber auch die Einstellung zu den Mitmenschen. Man stelle sich vor: die Krankenkassen rufen, statt nach Reformen, nach Reformhäusern, freilich nur nach solchen, die sich der ganzheitlichen Biophotonen-Analytik objektiv bedienen! Wir wollen nicht übertreiben, wenn wir darauf hinweisen, daß die extrem schwachen, bei einmaligem Verzehr noch nicht unbedingt spürbaren Signale der Nahrung durch ihre Langzeitwirkungen »eine Welt bewegen können«: So können gesunde, verantwortungsbewußte Mitmenschen aus einer Gesellschaft erwachsen, die sich richtig und optimal zu ernähren versteht.

Die schwachen, äußerst schwierig nachweisbaren und komplexen Impulse, die von der Information der Nahrung ausgehen, bewegen unsichtbar, aber äußerst wirksam die gesamte Menschheit, schon allein deshalb, weil diesen Impulsen jeder zu jeder Zeit über sein ganzes Leben hinweg ausgesetzt ist. Hier liegt die Quelle der Evolution, und primär an dieser Stelle kann und muß »wertfrei« und objektiv ansetzen, wer auf eine Gesellschaft wirken möchte.

Nahrung hat ebenso Informationswert wie alle anderen Botschaften. Es gibt keinen wesentlichen Unterschied zwischen Nahrung und Information. Umgekehrt besteht die Gefahr der Degeneration, wenn die Mitmenschen dem unabschätzbaren Risiko der Lebensmittel-Manipulation ausgesetzt sind und bleiben. Im Mittelalter wurde das voll erkannt: Auf Nahrungsschändung oder Täuschung standen extrem hohe Strafen. Sind wir schon so vergiftet, daß wir diese Gefahr nicht mehr erkennen?

Als ein rein technisches Verfahren, auch ohne Interpretation, können die Biophotonen-Analytik und viele weitere darauf aufbauende Methoden einen erheblichen Beitrag zur objektiven Werteinschätzung und Verbesserung unserer Lebensmittelqualität leisten. Das haben inzwischen zum Beispiel auch die Japaner erkannt, die bereits offiziell zur Untersuchung des Frischezustands die Biophotonen-Analyse im Landwirtschaftsministerium einsetzen. Der Mensch ist aber nicht zufrieden, wenn er nur Daten registriert und Rangordnungen aufstellt. Er möchte wissen, welche »Mechanismen« hinter den Erscheinungen stehen.

## Auf dem Weg zur Information

Mein Mitarbeiter Ralf Neurohr, ein Biologe, hat ein Jahr lang fast täglich die Biophotonen-Emission von Kressesamen gemessen und festgestellt, daß sie biologischen Rhythmen unterworfen ist. Im Winter war die Strahlung relativ niedrig, stieg fluktuierend bis zum Mai auf den fünffachen Wert an, um dann bis Dezember erneut oszillierend auf etwa den doppelten Wert des Vorjahres abzusinken *(Abb. 13)*. Hätte Neurohr nicht genügend Geduld aufgebracht und nur bis Mai gemessen, dann wäre er, wie seine russischen Kollegen Veselova und Veselovskii (1985), zum Schluß gekommen, daß die Strahlungsemission von Samen mit dem Alter zunimmt.

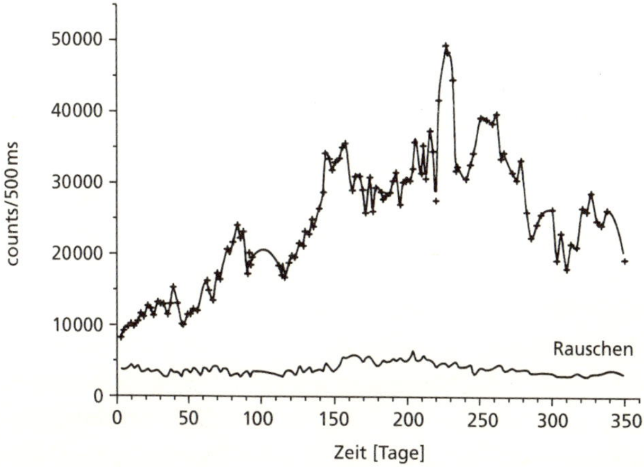


*Abb. 13:* Weißleuchtwerte (NBw) von Kressesamen in der Zeit vom September 1990 bis September 1991. Die untere Kurve, die Kontrolle, ist das »Rauschen« der Apparatur. Es liefert ein Maß für die unvermeidlichen Langzeitschwankungen und Meßfehler. Die Schwankungen der NBw-Werte der Kressesamen sind so echt wie die generelle Zunahme und spätere Abnahme der Werte. Die sorgfältige Analyse belegt, daß Samen biologischen Rhythmen unterworfen sind. Das Meßzeitintervall für eine Messung betrug jeweils ½ s (500 ms).

Stellen wir uns vor, Neurohr und seine russischen Kollegen wären sich danach zum Beispiel auf einer internationalen Tagung über die Altersabhängigkeit der Biophotonen-Emission von Samen und Körnern begegnet. Während die russischen Wissenschaftler belegt hätten, daß die Lichtemission der Pflanzensamen mit wachsendem Alter ansteigt, hätte der deutsche Biologe exakt das Gegenteil dokumentiert. Beide Seiten hätten sich gegenseitig falscher Meßergebnisse bezichtigt, vermutlich nicht öffentlich, aber insgeheim. Das macht die Forschung auf dem biologischen Gebiet so dramatisch: Je besser reproduzierbar die Ergebnisse sind, um so weniger sagen sie über »Leben« wirklich aus, je weniger sie sich in ein Schema pressen lassen, um so geringer ist die Wahrscheinlichkeit, daß sie »wissenschaftlich« akzeptiert werden.

Natürlich sind auch Fehlschlüsse möglich, wie zum Beispiel jener Trugschluß eines exakten Wissenschaftlers, der Flöhe dressiert hatte, die auf das Kommando »Hüpf« tatsächlich sofort sprangen. Erst amputierte er ihnen nur ein einziges Bein, und sie hüpften spontan nach dem Kommando trotzdem noch etwa gleich weit. Auch mit zwei amputierten Beinen gehorchten sie immer noch. Das ging so lange gut, bis sie beinlos dem Befehl nicht mehr nachkamen. Mit dem trivialen Ergebnis, daß beinamputierte Flöhe nicht hüpfen können, hätte der Experte seinen Ruf gefährdet. Seine Publikation behandelte dann den Zusammenhang zwischen Gehör und Zahl der Beine. Aus dem relativ geringen Verlust an Sprungweite durch die Beinamputationen und der hohen Zuverlässigkeit seines Kommandos schloß er, daß Flöhe nicht mehr hören können, sobald sie ihr letztes Bein einbüßen.

Dieses skurrile Gedankenexperiment, das mir ein polnischer Wissenschaftler zur Warnung vor falschen Schlüssen erzählte, demonstriert nicht nur die Fragwürdigkeit von Tierversuchen, die zur Fehlinterpretation von notwendigen und hinreichenden Bedingungen geradezu einladen. Lebewesen als komplexe Systeme bieten mindestens ebenso viele Ungereimtheiten wie Berechenbarkeiten, wenn auch oft nicht so klar erkennbar wie im Beispiel. Ich kann nur hoffen, daß Ralf Neurohr sich nicht täuscht, wenn er den unerwarteten Verlauf der Lichtemission von Kressesamen auf jahreszeitliche Rhythmen zurückführt. Unterstützung für diesen Schluß findet er aber auch von Beobachtungen anderer Wissenschaftler, die einen 7,4-Tage-Rhythmus in der Wasseraufnahme von Sojabohnen gefunden haben. Eine sorgfältige Frequenzanalyse von Neurohrs Daten deckt ein ganzes Spektrum verschiedener Rhythmen auf, so bei 7,4 Tagen, bei etwa 2 Wochen und einem Monat.

»Schwingende« Photonen-Emission lebender Organismen mit kurzzeitigen Rhythmen bis zu jahreszeitlichen Schwankungen öffnet die Augen dafür, daß es nicht gleichgültig ist, zu welcher Zeit eine Pflanze gesät und geerntet, ja schließlich verarbeitet und verzehrt wird. Es bedarf hellseherischer Fähigkeiten, um allgemeingültige Regeln für die jeweils passenden Zeitpunkte anzugeben. Man sollte diese biologische Rhythmik aber nicht unterschätzen, sondern zum Gegenstand intensiver Forschung machen. Vielleicht könnte dabei auch die Biophotonen-Analyse Hilfsdienste leisten, zumal es mit dieser nicht-invasiven Methode gelungen zu sein scheint, rhythmische Vorgänge in den Keimzellen des Lebens nachzuweisen.

Ein regelrechter Glückswurf gelang Michael Galle, ebenfalls einem Biologen. Er züchtete Daphnien, das sind etwa 1 mm große Wasserkrebschen (»Wasserflöhe«), die auch gerne als Fischfutter verwendet werden. Wie alle Lebewesen senden sie schwache Lichtsignale (Biophotonen) aus. Galle überzeugte sich, daß gleichartig gezüchtete Tiere – gleicher Stamm, gleiches Geschlecht, gleiches Alter und gleiche Größe – im Durchschnitt auch stets gleich viele Photonen abstrahlen. Konsequenterweise müssen auch zwei gleichartige Tierchen die doppelte Lichtintensität, drei die dreifache und x Tierchen die x-fache Photonenzahl pro Zeiteinheit abstrahlen. Man erwartet, daß die Biophotonen-Emission von Daphnien wie in *Abb. 14* mit der Zahl der Tiere ansteigt.

Zur Überraschung aller Mitarbeiter, die das Ergebnis mit Erstaunen und ungläubigem Achselzucken zur Kenntnis nahmen, zeigte die Strahlungsaktivität der Daphnien aber klar und gut reproduzierbar Maxima und Minima in Abhängigkeit von der Daphnien-

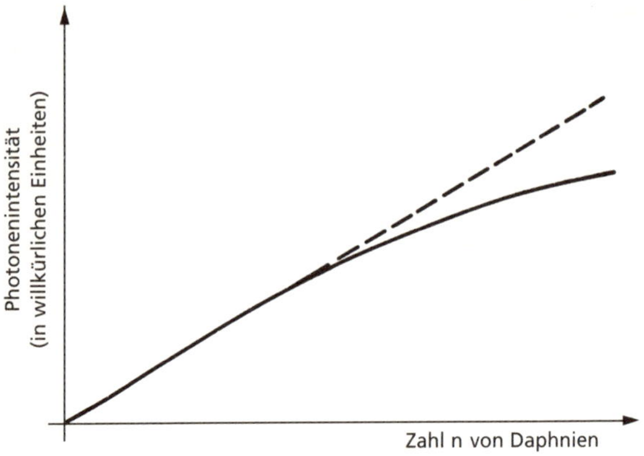


*Abb. 14:* Das Eigenleuchten (Biophotonen-Emission) von gleichartigen Daphnien (gleiches Geschlecht, gleiche Entwicklung, gleiches Alter, gleiche Größe) in Abhängigkeit von der Zahl der Tiere, wie es theoretisch zu erwarten ist. Mit zunehmender Zahl nimmt die Lichtintensität linear zu (gestrichelte Kurve). Durch Eigenabsorption bei einer höheren Zahl von Tierchen wird der lineare Verlauf leicht abgekrümmt (ausgezogene Kurve).

anzahl, also *»interferenzartige«* Muster wie bei der Überlagerung von Wellen (*Abb. 15*, Galle 1991). Nachdem Galle diese eigenartige Abhängigkeit der Lichtemission von Daphnien fünfmal reproduziert hatte, begannen wir vereint darüber nachzudenken.

Eines ist sicher: Ohne Kraftwirkungen von großer Reichweite zwischen den Daphnien kann man diesen Verlauf nicht erklären, da eben die Kurve der *Abb. 14* hätte herauskommen *müssen*, wenn sich die Tierchen wie einzelne Individuen ohne Interaktion miteinander verhalten würden.

Die einfachste Annahme lautete: Es handelt sich um »Stöße«, die die Lichtintensität verändern. Mit zunehmender Zahl der Tierchen kann die Stoßzahl aber nicht kleiner werden, sondern nur ansteigen, also auch kein »Interferenzmuster« ausbilden. Selbst der raffinierteste Computer, den man den Wahrnehmungsorganen der Daphnien unterstellen könnte, wäre unfähig, aus der Stoßzahl einen solchen, in eindeutiger Weise von den mittleren Abständen abhängigen Verlauf der Photonen-Emission zu berechnen und zu veranlassen. Und schließlich stoßen die Tierchen überhaupt nicht zusammen. Der

Biochemiker wird unbekannte »Botenstoffe«, die die Daphnien exkretieren, für diese sonderbare Wechselwirkung verantwortlich machen, freilich ebenso entgegen jeder Logik.

Eine einleuchtende Erklärung kennen wir aber schon. Sie deutet widerspruchsfrei eine Vielfalt weiterer Beobachtungen bei anderen Organismen oder Zellkulturen. Es ist die Theorie des amerikanischen Physikers R. H. Dicke (Dicke 1954), die 1954 aufgestellt und 1985 experimentell bestätigt wurde (Crubellier 1985).

Wie bei allen guten Theorien sind die Annahmen einfach, ja geradezu selbstverständlich, die Auswirkungen aber bedeutend und tiefgreifend. Wohlgemerkt: Dicke hat seine Theorie für tote Materie aufgestellt, so einfach strukturiert, wie es die Physiker mögen. Es handelt sich um ein Gas, bestehend aus voneinander unabhängigen, aber sehr dicht beieinander versammelten Teilchen. Dabei spielt es keine Rolle, von welcher Art die Teilchen (Atome oder Moleküle)

Biophotonen-Emission von Daphnia magna (Mittelwerte der Intensitäten)

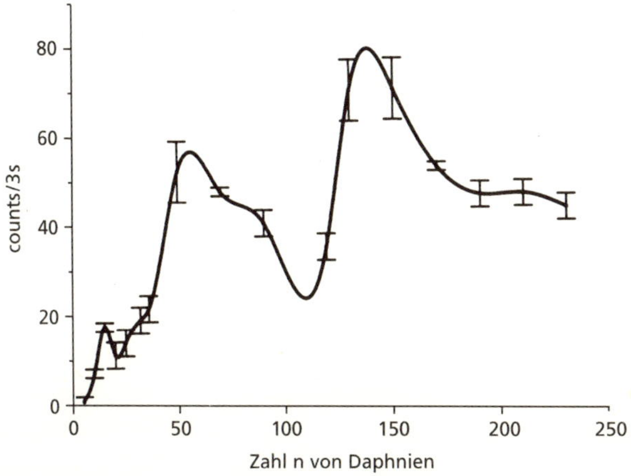


*Abb. 15:* Wirkliches Eigenleuchten (Biophotonen-Emission) von gleichartigen Daphnien in Abhängigkeit von der Zahl der Tiere, wie es aus sechs Versuchen experimentell ermittelt wurde (die Fehlerbalken sind eingezeichnet). Es besteht kein Zweifel, daß die Intensität nicht wie in Abbildung 14 verläuft, sondern Maxima und Minima der Eigenemission in Abhängigkeit von den mittleren Abständen der Tierchen auftreten. Es wurde jeweils die Zahl der Quanten (counts) über einen Zeitraum von 3 Sekunden aufaddiert, um die Signalintensität deutlicher hervorzuheben.

sind, wichtig ist nur ihre hohe *Dichte*, so daß der Abstand zwischen den Teilchen so klein wird, daß die Wellenlänge gespeicherter elektromagnetischer Wellen (wie zum Beispiel Licht) nicht mehr zwischen die Partikelchen paßt.

Regt man nun eines (oder mehrere) dieser Teilchen mit Licht oder auch anderen elektromagnetischen Wellen an, so reagieren sie logischerweise um so weniger unabhängig voneinander, je näher sie sich kommen. Die Teilchen »spüren« sich über die Wellen, die sie aufnehmen und wieder abgeben, vergleichbar mit zwei eng benachbarten Booten im Meer, die nacheinander von der gleichen Woge erfaßt werden, wobei der Einfluß auf das zweite Boot von der Wirkung auf das erste abhängt und wieder rückkoppelt ... Erst dann, wenn die Schiffe weit genug voneinander entfernt sind, kann man sie als unabhängig voneinander ansehen. Umgekehrt kann die Welle nur dann von jedem einzelnen Boot getrennt verformt werden, wenn die Boote weit genug voneinander entfernt sind.

Wir dachten nach Galles Experiment zunächst an solche Wellen, deren Wellenlängen auch tatsächlich groß gegenüber den Abständen der Daphnien in der Meßküvette sind. Das wären zum Beispiel Mikrowellen. Wir bestrahlten deshalb die Tierchen mit sehr schwachen Mikrowellen-Intensitäten, um herauszufinden, ob die Daphnien sensibel darauf reagieren. Sie ließen sich davon jedoch kaum beeindrucken. Anders dagegen mit Licht: schon nach Eindringen schwacher Helligkeit flüchtet sich der ganze Schwarm schnell in dunkle Zonen. Aber weshalb sollte es Licht sein, dessen Wellenlängen ja immer noch einige tausend Mal kürzer sind als die Abstände zwischen den Tierchen?

An sich selbstverständlich gelten für lebende Materie die gleichen physikalischen Gesetze wie für anorganische Stoffe. Ein wesentlicher Unterschied besteht aber in der gigantisch anmutenden Zahl von *Lichtantennen* innerhalb der Tierchen und ihrer unübertrefflichen Ordnung. Diese Lichtantennen in den Lebewesen schaffen Millionen, ja Milliarden von lichtabsorbierenden Molekülen (Basenpaaren der DNA, Exciplexen), die auf meterlangen Fäden in jeder Zelle so dicht verpackt und regelmäßig aufgereiht sind, daß die

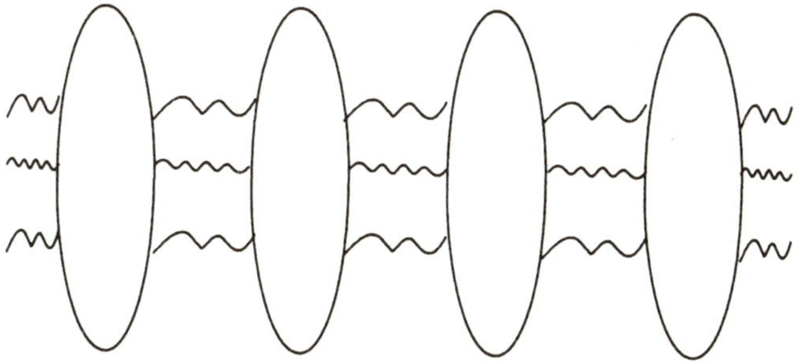

*Abb. 16:* Symbolische Darstellung von schaukelnden Booten im Meer, die durch Wellen miteinander verbunden sind. Ähnlich kann man sich die Lichtwechselwirkung von Basenpaaren unseres Chromatins vorstellen. Diese Theorie, die wir von R. H. Dicke übernommen und nach eigenen Ergebnissen modifiziert haben, erklärt die Biophotonen-Emission der Daphnien in Abhängigkeit von ihrer Zahl *(Abb. 15).*

Analogie zu den Schiffen auf dem Meer folgendes Bild ergibt: Nehmen wir zehn Millionen Boote, die, beispielsweise in Abständen von je einem Meter an Gummiseilen verbunden, beliebig und aus eigener Kraft durch Ein- und Auftauchen in das Wasser Wellen erzeugen oder auch im Rhythmus dieser Wellen schaukeln können. Es entsteht ein diffiziles, aber dennoch hochgeordnetes Wellenmuster, nicht nur innerhalb dieser gewaltigen Strecke von zehntausend Kilometern, sondern mindestens noch in weiten Bereichen des Meeres außerhalb dieses direkt schwingenden Bereiches, ähnlich dem Wellenmuster eines Steines, der in das Wasser geworfen wurde. Die Abstände der Bootsgruppen können dann groß sein gegenüber den Wellenlängen der einzelnen Meereswogen, ja sogar groß gegenüber der riesigen Strecke, auf der die Boote aufgereiht sind. Die Reichweite hängt von der Koordination und Rhythmik (Kohärenz) ab, mit der die Schiffe schaukeln *(Abb. 16).*

Es besteht überhaupt kein Zweifel daran, daß ein zweites System solcher Boote, sobald es in das Meer gebracht wird, »resonanzartig« von diesen Wellen auch auf größere Distanzen erfaßt wird und mitschwingt, und das um so besser, je gleichartiger das zweite System von Schiffen strukturiert und organisiert ist. Selbstverständlich kann dieser Riesenempfänger ebenso auf das erste System zurück-

»Destruktive Interferenz« der Wellenamplituden zweier kohärent strahlender Systeme $R_1$ und $R_2$ über einem Abstand $\Delta x$

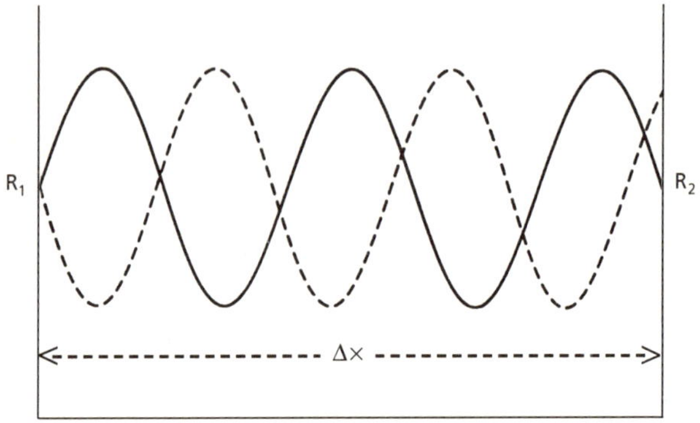


*Abb. 17:* Überlagern sich zwei Wellen mit nahezu gleicher Wellenlänge (die Überlagerung von zwei Wellen mit exakt gleicher Wellenlänge ist nach der Unschärferelation ausgeschlossen!), so entsteht je nach Phasenbeziehung ein Gebiet, in dem sich die Wellen vorzugsweise abschwächen (»destruktive« Interferenz) oder sich gegenseitig verstärken (»konstruktive« Interferenz). Im Beispiel ist ein Gebiet destruktiver Interferenz eingezeichnet, in dem sich die Amplituden der Wellen gegenseitig vorwiegend auslöschen. Solche Gebiete destruktiver Interferenz führen zu einer Schwächung der Lichtintensität. Die Gebiete erklären die Maxima und Minima der Biophotonen-Emission von Daphnien in Abhängigkeit von ihrer Zahl *(vgl. Abb. 15).*

wirken. Es gehört wenig Phantasie dazu zu erkennen, daß die Energie der Wellen bei einer solchen Superkommunikation um so effektiver genutzt wird, je stärker sich die Wellenamplituden zwischen den Boots-Systemen glätten, je weniger Wellenenergie also im freien Meer verbleibt. Mit anderen Worten: Je besser die beiden Systeme ihre resonanzartige Oszillationen aufeinander abstimmen, um so mehr heben sich die Wellen im Zwischenbereich gegenseitig auf. Ein Wellental des ersten Systems wird so mit einem Wellenberg des zweiten beantwortet und umgekehrt *(Abb. 17)*. Eine völlige Aufhebung und damit die ideale Ruhe des Meeres zwischen den Boots-Gruppen tritt dann und nur dann ein, wenn beide Partner identisch sind. Das bedeutet aber auch, daß die Identität über die Fähigkeit, das Meer zu beruhigen, überprüft werden kann.

Anstelle der Meereswogen haben wir es im Falle der Organismen mit Lichtwellen zu tun, anstelle der Boote mit den molekularen Bausteinen des Erbgutes (DNA), die ein Lichtfeld erzeugen und im Lichtfeld schwingen können. Das Meßgerät registriert in Galles Experiment geringe Intensitäten der Photonen nur dann, wenn die Tierchen in der Lage sind, die Räume zwischen sich durch »destruktive Interferenz« ihrer Lichtwellen abzudunkeln, also in den Minima der Interferenzmuster *(Abb. 15)*. Das aber ist auch gleichzeitig der Zustand günstigster Kommunikation, da schon die geringsten Veränderungen in den Schwingungen der Antennensysteme als Ruhestörung am deutlichsten wahrgenommen werden können.

Es ist kein Wunder, daß die Intensität der Wellenmuster auch von den mittleren Abständen der Tierchen abhängt. So erklärt sich zwanglos das Interferenzbild der Photonen-Intensität *(s. Abb. 15)*, das Michael Galle reproduzierbar und zum Erstaunen aller Beteiligten gemessen hat. Dieses Ergebnis hat tiefgreifende Bedeutung für ein besseres Verständnis des Lebens und der Lebensmittel.

## Das Band, das niemand sieht

Ähnliche, wenn auch nicht ganz so klare Ergebnisse erhielt Michael Galle mit kleinen Fischen, die in die Meßküvette paßten. Ralf Neurohr entdeckte sogar Maxima und Minima der Lichtemission, wenn er die Zahl von Getreidekörnern in der Registrierkammer systematisch erhöhte. Mae-Wan Ho, eine Biologin der Open University in Milton Keynes (England), fand Hinweise auf einen solchen »Dichteeffekt« bei Drosophila-Eiern, und Konstantin Zioutas, ein Elementarteilchen-Physiker am Europäischen Kernforschungszentrum (CERN) in Genf wies an Leucht-Organismen nicht-lineare Veränderungen der Lichtintensität mit der Zahl der Individuen nach (Popp 1992).

Denis Schamhart, Biochemiker der Reichsuniversität Utrecht, hatte schon 1984 in meinem Labor an der Universität Kaiserslautern einen ähnlichen Effekt entdeckt (Schamhart 1987), der die Krebsdiagnose und -therapie befruchten könnte, aber auch für das

»Delayed Luminescence« von Normalzellen und Tumorzellen

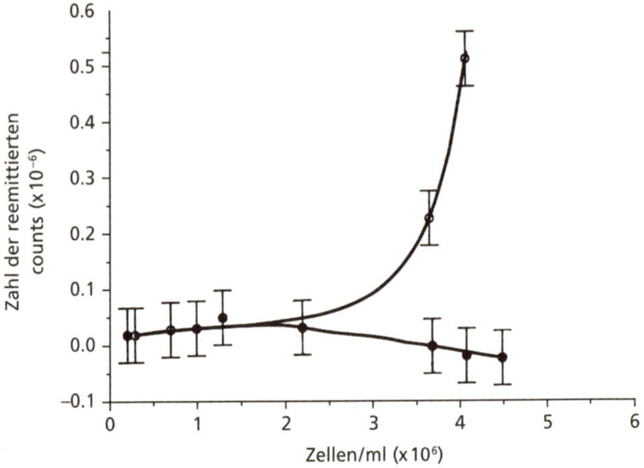


*Abb. 18:* Photonen-Intensität von Zellen in Abhängigkeit von der Zellzahl. Obere Kurve: Tumorzellen (Lebertumorzellen). Mit wachsender Zellzahl steigt die Photonen-Intensität von Tumorzellen stets an. Untere Kurve: Normale Zellen (hier aus der Leber der gleichen Tiere). Mit wachsender Zellzahl nimmt die Photonen-Intensität normaler Zellen stets ab, ein Zeichen für die wachsende Fähigkeit zur destruktiven Interferenz (Messungen nach D. Schamhart).

Verständnis der Lebensmittelqualität nicht unbedeutend bleibt: Der Wissenschaftler beleuchtete Zellkulturen mit weißem Licht und registrierte die Weißleucht-Werte (NBw), die wir bereits bei der Photonenanalyse von Ölen, Eiern, Tees und Kressesamen als wesentliche Qualitätsmerkmale erkannt haben. Tumorzellen zeigen gegenüber normalen Zellen einen verblüffenden Unterschied: Mit zunehmender Zahl der Zellen in der Zellaufschwemmung steigt die Lichtintensität der Tumorzellen an, während die der normalen Zellen schon bei mittelstarken Zelldichten abfällt und sogar unter die Werte des Nährmediums absinkt *(Abb. 18)*.

Eigene Untersuchungen an etwa dreißig verschiedenen Zellarten bestätigten das Ergebnis Schamharts: Tumorzellen strahlen mit steigender Zellzahl sogar im Maße ihrer Bösartigkeit immer stärker Licht ab, während normale Zellen im Gegensatz dazu immer schwächer zurückleuchten. Eine Gruppe um den Physiker Franco

Musumeci, die sich an der Universität Catania in Italien an der Biophotonen-Forschung beteiligt, zeigte an über zwanzig Gewebestücken, die sie von der chirurgischen Universitätsklinik von Catania von frisch operierten Patienten erhalten hatte, daß Tumorgewebe auch ohne vorherige Beleuchtung stärker Licht abstrahlt als Normalgewebe (Grasso 1992). Wir testeten Agenzien aus, welche die überschießende Photonen-Emission von Krebsgewebe aufheben, um so für den Patienten das Risiko auf Rezidive oder Metastasen mit an sich harmlosen, aber individuell passenden Mitteln erheblich zu verringern (Popp 1992a).

Hinter all diesen Resultaten, Beobachtungen und Erfahrungen steht das gleiche Naturprinzip: das *Band*, das niemand sieht, die *Interferenz*. Ob Zellen, Samen, Eier oder Organismen, stets verfügen intakte lebende Systeme über die Fähigkeit, ihr Biophotonen-Feld im Außenraum durch Interferenz zu löschen und damit im Innern zu verstärken, um so die beste Kommunikationsbasis zwischen sich zu schaffen. Sie können sich so und nur so optimal verständigen und organisieren, also zum Beispiel Zellverbände bilden. Dabei verlieren sie um so mehr ihren individuellen Charakter, je besser sie diese Interferenz nutzen können.

Normale Zellen beispielsweise bilden mit wachsender Zelldichte wirkliches »Gewebe«, das physikalisch und chemisch völlig andersartig ist als der entsprechende Zellhaufen. Tumorzellen verlieren diese Kollektiv-Eigenschaft im Maße ihrer »Bösartigkeit«. Konsequenterweise bleiben sie autonome Individuen, unfähig zu sozialen Bindungen, sich rücksichtslos teilend, hemmungslos wuchernd und in das gesunde Gewebe hineinwachsend. Ihre Krankheit ist Verlust an Interferenz, also Einbuße an Kohärenz (Interferenzfähigkeit), was sie taub werden läßt gegenüber den artgleichen, schließlich auch den eigenen Signalen. So erhalten diese gestörten Individuen den Eindruck, sie seien allein auf der Welt.

Die Individualität steht keineswegs im Gegensatz zur Fähigkeit, Kollektive zu bilden. (Das beste Sozialbewußtsein haben jene Individuen, die zur höchsten Autonomie neigen.) Die Messungen der Biophotonen-Emission bestätigen, daß normale Zellen dann, wenn sie sich teilen, also dann, wenn sie sich individuell verhalten, also wirklich eigenständig sind, sogar höhere Lichtausstrahlung aufweisen als ihre malignen Artgenossen. Das ist verständlich: Interferenz wird nicht wahrscheinlicher mit wachsenden Wellenamplituden. Den Ausschlag gibt die Koordinationsfähigkeit, die Phasenstabilität der Wellen, ihr *Kohärenzgrad*, wie der Physiker sagt. Diese Eigenheit hat nichts zu tun mit der Wellenlänge. Da sie zur Verständigung das Wellenfeld zwischen sich auslöschen, ergibt sich die eigenartige Situation, daß sich die Lebewesen um so besser verständigen können, je weniger gut dies von einem dritten Beobachter registriert werden kann.

Technische Detektorsysteme messen dieses schwache Licht und seine hohe Variabilität, insbesondere die in Abermillionen von winzigsten Impulsen vermutbare ständige Kommunikationsfähigkeit, ohnehin nur in äußerst beschränktem Maße. Das Beispiel des Daphnien-Experiments sollte jeden, der unserer weiterentwickelten Technik die Spitzenposition in der Evolution zugesteht, nachdenklich stimmen. Wollte man das diffizile elektromagnetische Wellenmuster einer Daphnie, mit der sie ihre Artgenossen identifiziert, auf Distanz hält oder einlädt, über eindringende Feinde oder Futterquellen informiert, mit Hilfe eines technischen Antennensystems aufspüren, dann bliebe in letzter Konsequenz keine andere Wahl, als die Antenne in Form einer Daphnie exakt nachzubauen und sich noch zusätzlich in diese zu verwandeln.

Die unbestreitbare Erfolglosigkeit solcher Bemühungen offenbart die enormen Fähigkeiten, die die Evolution langsam, aber stetig, Schritt für Schritt und unter genialer Nutzung physikalischer Gesetze entwickelt hat. So brauchen wir uns auch nicht zu wundern, wenn selbst die subtile Biophotonen-Analyse ein Lebensmittel nicht vollständig erfaßt, schon gar nicht so komplett, wie es der Verbraucher mit seinem höchst sensiblen Antennensystem wahrnimmt. Uns bleibt der »objektive« Anteil jener Impulse, die auch der Photomultiplier noch auffangen kann.

## Die aktuelle Situation

Ich unterhalte mich mit Experten der Lebensmittelbranche. Immer wieder hört man: Die moderne Industrie hat die Hungersnot, unter der unsere Vorfahren jahrtausendelang gelitten haben, in Westeuropa gründlich beseitigt. Aber bezahlen wir den heutigen Überfluß, den eigentlich niemand so wollte und für den sich keiner voll verantwortlich fühlt, mit einem unbekannten Risiko?

Chemikalien, die den Ertrag der landwirtschaftlichen Produktion in die Höhe trieben, hinterlassen Friedhofsruhe, Verödung, vernichteten nicht nur die »Schädlinge«, sondern auch die Vögel am Feldrain, bedrohen schon unsere eigene Gesundheit mit latenten Spätschäden, engen die geistige Flexibilität ein und beschränken die Lebensqualität. Aber der Bürger wird wachsamer. Einiges wurde inzwischen getan, um wenigstens die Schadstoffbelastung der Nahrung zu reduzieren.

An sich unschädliche und möglichst natürliche Stoffe in die Nahrungskette zu bringen oder »genetisch« zu manipulieren erscheint auf den ersten Blick elegant. Nach Meinung derjenigen aber, die die komplexen ökologischen Zusammenhänge erkennen, sollte diese Strategie nicht ungestüm und unkontrolliert betrieben werden, solange der Qualitätsbegriff nicht über die rein stoffliche Zusammensetzung der Nahrung hinausführt.

Über alle ideologischen und wissenschaftlichen Beschränkungen hinweg herrscht Einigkeit darin, daß Lebensmittel mehr sind als die Summe ihrer Anteile. Das zeigt sich im Ruf nach »Ganzheitlichkeit« ebenso wie in verstärkten Forschungsaktivitäten auf dem Gebiet »synergetischer« Phänomene.

Freilich, es fehlen wohldurchdachte Konzepte, die es erlauben, zum Beispiel

- die Risiken umfangreicher Veränderungen der natürlichen Lebensmittel abzuschätzen,
- die Qualität umfassend verbraucherfreundlich zu gestalten,
- das Preis-Leistungs-Verhältnis angebotener Waren transparent zu machen,

- den Konsumenten fair und gründlich aufzuklären anstatt ihn zu verwirren oder gar zu täuschen,
- dem Produzenten echte Anreize für Qualität zu bieten anstatt ihn zum gefügigen Kunden der chemischen Industrie zu degradieren,
- die Zielsetzung der Lebensmitteltechnologie lebens- und zukunftsfreundlich auszulegen,
- wirklichen Einklang herzustellen zwischen den diversen Bedürfnissen des Konsumenten und dem üppigen Warenangebot,
- die Zusammenhänge zwischen Gesundheit, evolutionärer Entfaltung der Persönlichkeit und der Lebensmittelqualität zu berücksichtigen.

Eine Reihe akuter, einfacher Fragen wird weder von den Experten der konventionellen Lebensmittelwissenschaften noch von den Ideologen des Gebiets beantwortet: Man streitet über den Wert und die Bedeutung des »Frischezustands« einer Ware und der verschiedenen chemischen und physikalischen Konservierungsmaßnahmen, man ist sich nicht einig über Qualitätsunterschiede von Freiland- und Batterieeiern, ja, über die »Bio-Ware«, die nicht selten, als solche deklariert, nur schlechte Qualität mit überhöhten Preisen in die Mägen pumpt. Uneinigkeit herrscht über die Verfälschung von Lebensmitteln mit erklärungspflichtigen, aber auch versteckten »Additiven«, über Qualitätseinbußen durch Stickstoffüberdüngung der Felder, Arzneimittelbehandlung der Nutztiere, diverse Vorbehandlungen der Produkte, Tiefkühlung, Konservierung, Mikrowellenerhitzung und die vielfältigen Lagerungsverfahren …

Das Problem liegt keineswegs allein in der Profitsucht der betreffenden Industrien, obwohl diese die Lebensmittel natürlich auch als Mittel für die Optimierung ihrer eigenen Lebensqualität betrachten und offenbar noch nicht einmal davor zurückschrecken, auch Politiker zu beeinflussen.

Das Dilemma hat aber einen weit tieferen Grund als menschliche oder gesellschaftliche Unzulänglichkeiten. Es kommt zustande durch die Begriffsverwirrung von notwendigen und hinreichenden Kriterien für die Lebensmittelqualität und – wie viele andere Probleme unserer Zeit – durch eine überalterte Vorstellung vom Leben selbst. Lebensmittel können nicht isoliert vom Sinn und Zweck des Lebens beurteilt werden. Der Verbraucher, der von der Nahrung elementar abhängt, ist weder eine Dampfmaschine noch ein von höheren Geistwesen getriebenes System: Der »Schule« fehlt die Einsicht in die Zusammenhänge der Einzelfunktionen, wie Energieverbrauch, Wärmeproduktion, Wirkung auf Psyche und Bewußtsein. Die »alternativen« Konzepte sind teilweise ideologisch so stark verkrustet, daß sie rationale Bemühungen fürchten.

Beide extremen Lager schränken unsere Freiheit, die mit der Nahrungsvielfalt erweitert werden könnte, so stark ein, daß sie die Chance für evolutionäre Vielfalt rauben. Zum einen liegt das an den unbekannten Risiken, die sie dem Verbraucher aufbürden, wenn sie hemmungslos den Markt mit unkontrollierten und irreführend deklarierten Sonderangeboten überschwemmen, zum andern an weltanschaulich begründeten Einschränkungen, die objektiven Prüfungen nicht standhalten.

Beide Strömungen sind sich einig in der Geringschätzung des gesunden Appetits. Während die technische Richtung vor dessen Manipulation nicht zurückschreckt, hat dieser wichtige Regulator unserer Ernährung bei den Weltverbesserern etwa den gleichen Stellenwert wie bei ihren Gegnern, nämlich einen untergeordneten. Die Beweggründe sind unterschiedlich: Mangel an tieferen Kenntnissen auf seiten der rein biochemisch orientierten Lebensmittelwissenschaften und andererseits die Furcht vor dem längst überfälligen Eingeständnis, daß der Mensch eben nicht als ausgesprochener Rohköstler oder Ideologe auf die Welt kommt, sondern im Gegenteil seine ausgeprägte Kommunikationsfähigkeit dem Potential eines extrem weiten Nahrungs- und Informationsspektrums verdankt.

Gewiß, wir befinden uns in der Zwickmühle zwischen Gift und Enthaltsamkeit. Jeder sollte aber die Freiheit bewahren können, seinen eigenen Weg zu finden, und das kann jeder am besten selbst, vor allem, wenn er sich nach seinem gesunden inneren Empfinden richtet. Das geht so lange gut, wie er dabei nicht verstört wird.

Die Lebensmittel-Wissenschaft sollte die nicht unbedeutenden Entscheidungen, die jeder bei der Auswahl seiner Nahrung zu treffen hat, keinem abnehmen und auch nicht zusätzlich erschweren. Sie hat sowohl durch objektive Forschung über mögliche Langzeitwirkungen und deren evolutionäre Zusammenhänge als auch durch verbraucherfreundliche Aufklärung für hinreichende Transparenz zu sorgen. Andernfalls muß der Gesetzgeber Manipulationen an den traditionellen, seit Jahrtausenden bewährten Lebensmitteln auf die Laboratorien beschränken.

Lebensmitteltechnologie kann nicht unabhängig vom Menschenbild betrieben werden, auch nicht losgelöst von tieferen Einsichten in die Evolution. Daran hapert es einmal aus wissenschaftshistorischen Gründen, und zum anderen deshalb, weil Lebewesen nur schwer wissenschaftlichen Untersuchungen zugänglich sind.

Als der ungarische Biochemiker Albert Szent-Györgyi, der 1937 den Nobelpreis für Physiologie oder Medizin erhielt, im Jahre 1979 auf einem Kongreß in Versailles gefragt wurde, wie er »Leben« definieren würde, gab der 86jährige eine bemerkenswerte Antwort: Er schlug spontan mit der Faust auf das Rednerpult, daß sogar jene Kollegen, die höflichst lauschend die hinteren Stuhlreihen besetzten, sichtlich hochschreckten. Er schrie nach dem Faustschlag in den Saal: »*Das* ist Leben«.

Man ist geneigt, Tieferes hinter dieser tatkräftigen Aussage zu vermuten, wenngleich es sich auch um ein Bonmot hätte handeln können. Wohl trifft es aber zu, daß dieses ungewöhnliche Postulat von einem Manne stammt, der auch zum Beispiel die Ansicht vertrat: »Man gebe einem Biochemiker einen Dynamo, und er wird ihn in Salzsäure auflösen.«

Viele Anwesende in Versailles regte der überraschende Faustschlag Szent-Györgyis zu längerem Nachdenken an, als es irgendein anderes kluges »Statement« vermocht hätte. Erstens sollte das wohl bedeuten, daß es eine wissenschaftliche Definition des Lebens nicht geben kann und daß Leben eben einfach gelebt werden muß, um es zu verstehen. Zweitens enthielt die Geste aber auch ein entscheidendes Merkmal des Lebens, nämlich das »Überraschungsmoment«. Leben ist nicht denkbar als Kausalkette vorherbestimmbarer Ereignisse.

Man streitet heute darüber, woran das liegt. Da gibt es die Mehrzahl der »orthodoxen« Wissenschaftler, die meinen, die *»Komplexität«* sei es, die als der einzige Grund der Unvorhersagbarkeit in Frage komme. Nicht weit davon entfernt sind die modernen Gelehrten, die in den Gesetzmäßigkeiten des *»deterministischen Chaos«* – eines Zweigs der Wissenschaft, der erkannt hat, daß kleinste und nicht mehr meßbare Störeinflüsse unter bestimmten Bedingungen starke, makroskopische Veränderungen auslösen – die Ursache aller Überraschungen vermuten. Damit lieferten sie nicht nur den Wetterdiensten die seit Jahrzehnten notwendige Entschuldigung für unvermeidbare Fehlprognosen, sondern auch ganz neue Aspekte zum Verständnis von Krankheiten, ihren Ursachen und ihrer Ausbreitung.

Die Lebensmittelindustrie wird diese Erkenntnisse auf Dauer nicht negieren können: Wenn in komplexen Systemen schon nichtmeßbare Störungen leicht zu Katastrophen führen, wie dramatisch könnten sich dann erst gezielte Veränderungen der Lebensmittel im Netzwerk des Verbrauchers über Generationen hinweg zu makroskopischen Störungen aufschaukeln, auch wenn die Manipulation der Nahrung aus der Sicht der Biochemie nur geringfügig erscheint.

Eine noch tiefergehende Antwort auf die Überraschungseffekte von und in Lebewesen gibt die Quantenphysik: Die Unschärferelation, die erstmals klar von dem deutschen Physiker Werner Heisenberg formuliert wurde, besagt, daß es *grundsätzlich*, und nicht nur aus technischen Gründen, unmöglich ist, den Verlauf eines Systemprozesses *exakt* vorherzubestimmen. Biologische Systeme könnten sich eben diesen Teil der Freiheit, den ihnen die Natur mit in die Wiege gelegt hat, nutzbar gemacht haben. Mit dieser Theorie im Hintergrund wäre die Überraschungsfähigkeit von Lebewesen ein geschickter und evolutionär entfalteter Teil ihrer Freiheit.

Die Ursachen dafür, daß man als Mensch nicht kalkulierbar ist, können also durchaus verschieden sein: Entweder sind die Techniker oder Wissenschaftler, die das Leben ergründen wollen, zu wenig fortgeschritten, oder es gibt grundsätzlich keine Erklärung. Die Quantenphysik schließt jedenfalls das vollständige Verständnis des Lebens aus.

So mutig wie die Quantentheorie wagt noch nicht einmal die Esoterik dem Leben seine letzten Geheimnisse zuzubilligen: Ideologisch veranlagte Zeitgenossen bemühen sich redlich, mit höheren Einflußgrößen, wie Sternen, Spielkarten, Kaffeesatz, Störzonen, Kieselgur oder linksdrehender Milchsäure, etwas Ordnung in die Ungereimtheiten des Schicksals zu bringen. Man kann nicht behaupten, daß sie damit grundsätzlich falsch liegen. Glücklicherweise läßt uns aber gerade die Physik noch einen weiten Spielraum von Entfaltungsmöglichkeiten, deren Vorhersagbarkeit sich auch den Zukunftsdeutern verschließt.

Wer von allen nun letztlich recht hat, bleibt freilich ebenso ungewiß, wie es unmöglich ist zu entscheiden, ob eine echte Überraschung auf erwartbaren, aber aus technischen Gründen unbekannten Ursachen beruht oder von erwartbaren, im Prinzip aber nicht vorhersagbaren oder gar von unerwartbar unerwarteten Ereignissen herrührt.

Wer weiß, daß er nichts weiß oder niemals etwas Bestimmtes wissen kann, hat erhebliche evolutionäre Vorteile gegenüber dem, der sich der Illusion hingibt, er wisse es oder könne es mit genügend hohem Aufwand eines Tages wohl erkennen. Diesen Vorzug auf die Frage nach der Lebensmittelqualität umzusetzen heißt, nicht allein darüber nachzudenken, wie man Lebewesen mit bestimmten Stoffen beeinflussen kann, sondern gleichermaßen Anstrengungen darauf zu verwenden, wie sich das Überraschungspotential, die »Vitalität« des Verbrauchers, die von der Natur möglicherweise optimiert wurde, im positiven Sinne erhalten und pflegen läßt.

# 6 Nahrung und Evolution

## Darwins Schatten

Seit gut dreißig Jahren kenne ich die Ausreden, die sich Raucher ausdenken, um ihr schlechtes Gewissen zu beruhigen: Mäßiges Rauchen schadet nicht und erweitere die Vielfalt der Genüsse, Aufhören führe zu Übergewicht, als Nichtraucher gehe einem der Ideenreichtum verloren ... Solange der Tabakgenuß wirklich zu einer Erweiterung des Erlebnisbereichs führt, ist nichts einzuwenden, meine ich. Nicht der Tabak ist schließlich die Gefahr, sondern der falsche Umgang mit ihm.

Es ist auch nicht so sehr das gesundheitliche Risiko, das den Raucher stört. Es ist die Einschränkung seiner persönlichen Freiheit, die er, mit feinen Antennen für seine evolutive Kraft ausgerüstet, als schmerzhaften Verlust empfindet: Sobald er nikotinsüchtig ist, *muß* er rauchen, anstatt immer dann darauf verzichten zu können, wenn ihm der wahre Genuß mit Sicherheit versagt bleibt.

Noch schlimmer ergeht es den Drogensüchtigen, die den letzten Funken ihrer persönlichen Freiheit verloren haben. Viele kleine Freuden des Lebens, Genugtuung, die Wonne des Sonnenaufgangs oder -untergangs, der Appetit auf das Frühstücksei oder ein selbstzubereitetes Gericht, die harmonische Befriedigung über eine gelungene Arbeit oder die Neugierde auf Erkenntnisse oder spannende Informationen, all das wird überdeckt von dem unerklärten Drang des süchtigen Körpers, ihn wenigstens kurze Zeit zu besänftigen durch Zigarettenrauch oder gar Drogen.

Suchtprobleme, so glaubt man noch heute, haben nichts mit Ernährung zu tun. Aber täuschen wir uns da nicht? Besteht möglicherweise die Kunst der richtigen Ernährung nicht unbedingt darin, unsere latenten Süchte zu befriedigen, sondern im Gegenteil, auch darin, Polaritäten aufzubauen, Ungewißheiten zu schaffen, Spannungen zu erzeugen mit der Kraft, sie auszuhalten, Neugierde zu fördern, so wie eine gute Botschaft stets das Potential einer noch besseren enthält. Die Frage führt tief in die Problematik der Evolutionstheorien.

Im Mittelpunkt der wissenschaftlichen Arbeit zur Erforschung des Lebens steht seit über 100 Jahren die Lehre des englischen Naturforschers Charles Robert Darwin. Die nach ihm benannte Selektionstheorie geht von zwei Annahmen aus:

1. Lebewesen erfahren zufällig auch solche Erbmerkmalsänderungen *(Mutationen)*, die sie zwangsläufig auf ihre Nachkommen übertragen.
2. Im Konkurrenzkampf überleben schließlich solche Organismen, die sich durchsetzen können *(Selektionen)*, insbesondere dadurch, daß sie sich ihrer Umwelt am besten anpassen.

Diese Postulate haben wie keine anderen unser heutiges Weltbild geprägt. Das moderne Industriezeitalter mit all seinen Folgen wurde von diesen Ideen gestaltet.

Heute wird diese Theorie, die nicht falsch sein kann, sich aber auf notwendige und keineswegs hinreichende Grundsätze beschränkt, von einigen ernsthaften Gegnern eher als Trivialität aufgefaßt, als daß man ihr die Fähigkeit, relevante wissenschaftliche Erkenntnisse vorauszusagen, einräumt. So einfach sollte man sich das Urteil aber nicht machen: Der Darwinismus hat der bedingungslosen Gläubigkeit an die Unerklärbarkeit der biologischen Evolution ein Ende gesetzt. Das ist kein Werturteil, sondern geschichtliche Tatsache.

Der Darwinismus hat so die Wege geebnet für das wissenschaftliche Verständnis des Lebens. Es mögen einem dabei viele Nachteile einfallen, es könnte sich eines Tages sogar herausstellen, daß ein wesentlicher Teil der Evolution unerklärbar bleiben muß. Doch man sollte nicht vergessen, daß die Errungenschaften der wissenschaftlichen Biologie und Medizin auch eine unübersehbare Vielfalt segensreicher Entwicklungen, an die wir uns heute ohne Nachdenklichkeit gewöhnt haben, hervorbrachten. Auch die Lebensmittelindustrie gehört dazu.

Zweifellos haben wir aber auch unter den »Schwächen« des Darwinismus (oder moderner Versionen dieser Theorie) zu leiden, und dieses Risiko nicht zu erkennen, gehört bereits zu den Nachteilen. Darwin, der neben Newton als einer der größten Wissenschaftler aller Zeiten gilt, war ein scharfer Beobachter und so klug, daß er heute vermutlich kein Darwinist mehr wäre, oder wenigstens nachdenklich werden würde angesichts sich häufender molekularbiologischer Entdeckungen wie zum Beispiel jener, daß es langreichweitige Korrelationen zwischen den Basenpaaren der DNA gibt, daß Überstrukturen und dynamische Eigenschaften des Chromatins (der DNA), in dem Eigenschaften der Lebewesen in den Basenpaaren molekular angelegt sind, die Merkmale ihres Trägers erheblich, wenn nicht entscheidend mitgestalten.

Allmählich erkennt man, daß die einfachste Denkweise, die Erscheinungsformen des Lebens auf die Reihenfolge von Molekülbausteinen, den Basenpaaren der DNA, zurückzuführen, ebenso unzureichend ist wie ein Klavierkonzert durch die Tastatur des Instruments zu beschreiben. Es mehren sich die Resultate, wonach bestimmte Änderungen der Erbanlagen keineswegs als »rein zufällig«, wie die Darwinisten glauben, sondern eher als gezielte Reaktion auf veränderte Umweltbedingungen zu erklären sind. Schließlich hat Darwin weder definiert, was er unter »Zufall« versteht, noch wurde jemals widerlegbar bestimmt, was die »Anpassung« an die Verhältnisse der Umgebung eigentlich bedeutet.

Die größte Gefahr aber, die uns schon jetzt weltweit Umweltprobleme sowie Zonen materieller Verarmung oder geistiger Verödung beschert hat und, falls sie nicht erkannt wird, früher oder später in die Sackgasse blinder Axiomatik treibt, ist die implizite Ablehnung jeden *»Sinns«* in der Evolution. Der Darwinsche Entwicklungsmechanismus ist in sich selbst schlüssig und deshalb auch unwiderlegbar. Er läßt einerseits jede Erscheinungsform des Lebens zu, wie immer sie auch geartet sein mag. Die Frage nach dem

Sinn wird aber nicht nur nicht gestellt, sondern – und das ist der springende Punkt – nicht zugelassen.

Aus historischer Sicht ist es verständlich, gehörte doch zum erklärten Ziel Darwins, die geistigen Fesseln eines vorgegebenen »Sinns«, die die Kirche der damaligen Zeit den Bürgern auferlegte, zu lösen. Der Entfaltungsspielraum, den Darwin so eroberte, hat sich dann auch vorwiegend positiv auf die Human-Evolution ausgewirkt. Doch im Gewand der aufblühenden Wissenschaften und Techniken, die die gewonnene geistige Freiheit am besten zu nutzen verstanden, steckte bereits der Dolch des Selbstmords, indem die Sinnfrage nicht mehr gestellt werden durfte.

Es trifft zwar zu, daß die exakten Wissenschaften ihre Zuverlässigkeit und Aussagekraft bisher eben dem Umstand verdanken, daß sie jede Art von Teleologie (Zweckdenken) ablehnen. Andrerseits wäre es aber sicher falsch, wenn jemand behaupten würde, es gäbe irgendeinen Beweis dafür, daß die Evolution keinen Sinn habe. Dieser »Sinn« mag weder ergründbar noch definierbar sein. Ihn in Frage zu stellen, ist legitim und wissenschaftlich exakt. Ihn aber a priori abzulehnen, heißt, das Tor für einen möglichen Zweig der Evolution zu vernageln.

Ausgeschlossen wird damit nämlich zum Beispiel die Fähigkeit der Evolution selbst, die Frage nach ihrem Sinn immer wieder neu zu stellen und mit so wachsendem Bewußtsein immer neue Antworten zu finden. Gerade die exakten Wissenschaften sollten einer solchen Lösung nicht ablehnend gegenüberstehen, gehört doch Erkenntnisdrang *und* Staunen zu den erfreulichen Motivationen der Zunft. Andernfalls erstarrt die Forschung in Bürokratismen, Definitionsgerangel und Versklavung für Ziele, die nicht mehr erstrebenswert sind. Anzeichen dafür gibt es ja heute in Hülle und Fülle.

Aber jeder Bürger fühlt das Bedürfnis, sein Leben auch nach immateriellen Zielen auszurichten, mit wachsender Reife in steigendem Maße. Glücklicherweise kann dies durch ein latentes Verbot nicht aufgehoben werden. Es staut sich aber zusehends ein enormes Konfliktpotential auf zwischen dem Übermaß an Darwinschem

Positivismus, der unsere Gesellschaft zu beherrschen versucht, und den wissenschaftlich nicht (oder noch nicht) faßbaren evolutiven Kräften der Menschheit, die in eine bessere Zukunft gerichtet sind.

Ich vertrete dabei noch lange keine Ideologie: Jeder spürt in sich den Drang, mehr zu sein als genetisches Werkzeug der Entwicklung, in der immer nur der »Tüchtigste« überlebt und noch zusätzlich der Zufall zum Leuchtturm der Evolution erhoben wird. Unermüdlich nach einem Sinn zu suchen, ihn zu »fühlen« und zu erahnen, selbst dann, wenn wir ihn »wissenschaftlich« nicht fassen können, ihn, wie Szent-Györgyi schlagfertig kundtat, zu *»leben«*, durchbricht von selbst die Mauer, die wir uns geschaffen haben.

Die Lebensmittelqualität kann, ja, sie *muß* erhebliche Beiträge für die Evolutionsfähigkeit der Menschen leisten. Das beginnt bei banalen, aber wichtigen Fragen der Volksgesundheit, setzt sich fort über die Aufklärungspflicht, die es jedem Bürger gestattet, das individuell Beste auszuwählen. Das mündet schließlich in Überlegungen, das Bewußtsein und die evolutive Kraft der Bevölkerung optimal zu unterstützen. Der »Sinn« der Nahrung kann nicht darin liegen, daß nur die »Tüchtigsten« den Verzehr überleben, sondern sollte darauf gerichtet sein, beim Verzehr ebendiesen Sinn als »Information« zu ertasten, zu erfühlen, anzuerkennen und sich daran zu erfreuen.

Einen wissenschaftlichen Zugang bietet Erwin Schrödingers Ordnungsbegriff. Die Nahrung erfüllt dann alle erkennbaren und vermutbaren evolutiven Qualitätsmerkmale, wenn der Verbraucher seine »Ordnung« mit Hilfe eines verfügbaren Lebensmittels stabilisieren oder gar verbessern kann. Das wirft erneut die Frage auf, was unter dieser »Ordnung« zu verstehen ist und in welchem Zusammenhang sie zur Evolution steht.

## Die Versöhnung des Zwiespalts

Unberechenbar soll er sein, der Mensch, aber dennoch »normal«, für Überraschungen soll er gut sein, aber bloß nicht unzuverlässig, gütig soll er sein, aber nicht so dumm, daß er sich ausnutzen läßt.

Stumm die Wünsche der Ehefrau an ihren Augen ablesend soll sich der Gatte verhalten, aber bloß nicht so sklavisch wie der Pantoffelheld von nebenan, aufreizend soll sie sich herrichten, die Freundin, aber im Geliebten den Mann und nicht seine Eitelkeiten erblickend…

Gnus müssen sich gelegentlich an Flußufern aufhalten, um ihren Durst zu löschen. Argwöhnisch behalten sie dabei die Wellen des Flusses im Auge. Dort lassen sich Krokodile sachte und mit extremer Geduld von der Strömung in die unmittelbare Nähe der Gnus treiben. Sobald eine dieser Riesenechsen dort angekommen ist, ohne die Gnus verscheucht zu haben, schnellt der scheinbar plumpe Koloß in Sekundenbruchteilen aus dem Wasser, beißt sich im Körper des vor Schreck gelähmten Gnus fest, reißt es in den Fluß und ertränkt es, um dann gierig die Fleischmassen des Beutetieres zu verschlingen.

Zwei extrem gegensätzliche Eigenschaften braucht so das Krokodil, um sich zu ernähren. Einerseits die absolute Bewegungslosigkeit, die *Starre*, die an einen Kristall erinnert, andrerseits die blitzschnelle *Dynamik*, die mit gewaltiger Wucht höchst effektiv und zielgerichtet eingesetzt wird.

In keiner dieser beiden scheinbar unvereinbaren Besonderheiten kann sich das Krokodil Schwächen erlauben: Bewegt es sich beim Anschleichen, ist das Gnu weg, ebenso wenn die Echse am Ufer zu langsam aus dem Wasser schnellt. Die Beute selbst, das Nahrungsmittel, verhilft dem Krokodil dazu, sich diese Wesenszüge optimal zu erhalten. Im Zoo, wo dem Krokodil das Futter vorgeworfen wird, verliert es diese Fähigkeiten zwar nicht ganz, aber in einem erheblichen Ausmaß. Die Rückkopplung zwischen Jäger und Beute erfüllt so überdies die Funktion, daß das Lebensmittel als solches erhalten bleibt und in seiner Existenz keineswegs bedroht wird. Auch das Gnu hat die Wesensmerkmale seines Räubers: es kann blitzschnell von dem äußerst sachten, geräuschlosen und unauffälligen Verhalten beim erquickenden Durstlöschen umschalten auf panische Flucht, die dem Krokodil immer nur eine statistische Chance auf seine Beute einräumt.

So besteht ein Regelkreis zwischen den Spannungsfeldern gegensätzlicher Merkmale von beiden, Beute und Räuber, also Lebensmittel und Konsumenten.

Man braucht nicht nach Afrika zu fliegen, um diesen Zusammenhang zu erkennen: Beim Vergleich von Hauskatzen mit solchen, die seit Generationen mit Fertigfutter versorgt werden, fällt auf, daß die blitzschnelle Dynamik und Aktivität der Wildkatzen noch weitgehend erhalten ist, während die Ausstellungsstücke sich vorwiegend auf Posieren und Schlafen beschränken.

Der Überfluß an Lebensmitteln, soweit er nicht sinnvoll eingesetzt wird, birgt allgemein die Gefahr, Polaritäten, die unsere Vorfahren in jahrtausendelangem Ringen um Nahrung aufgebaut haben, einzubüßen. Das bedeutet Verlust an Sensitivität, Aktivität, Dynamik, aber auch an wirklicher Ruhe, Entspannung, Vertrauen. Es beinhaltet letztlich einen entscheidenden Schritt in die Degeneration. Man kann – und sollte vielleicht auch – besonders aus diesem Grunde dem Körper gelegentlich eine Fastenkur verordnen. Wer sie praktiziert hat, wird bestätigen, daß sich die »Antennen« dann wenigstens teilweise erholen und daß wir eine natürlichere und gesündere Einstellung zu unserer Nahrung vorübergehend wiederfinden.

Hinter solchen Erfahrungen steckt eine tiefe Gesetzmäßigkeit, die erneut nur im Zusammenhang mit der Evolution verstanden werden kann. Man kann sie heute mit einfachen Meßinstrumenten überprüfen und vielleicht schon in nächster Zeit zur Analyse der Lebensqualität und Lebensmittelqualität in der Praxis einsetzen.

Immer wieder fällt uns auf, daß uns die Biophotonen-Analyse der Lebensmittel nicht nur einen einzigen Faktor zur Beschreibung der »Qualität« liefert – so wie wir es, nebenbei bemerkt, gerne hätten –, sondern meistens zwei Faktoren, die sogar gegensätzliche Eigenschaften beschreiben. Dächten wir linear, dann müßten wir annehmen, daß die besten Lebensmittel jene sind, die – wie beispielsweise Wasser – sich selbst neutralisieren und daher unauffällig, bescheiden und untypisch erscheinen.

Aber genau das Gegenteil trifft zu: in eben den »widersprüchlichen« Substanzen versteckt sich die Fähigkeit, je nach Bedarf das eine oder andere Extrem seiner gegensätzlichen Potentiale zu entfalten. Nehmen wir ein konkretes Beispiel: Der Duft und das Aroma, die Frische einer Pflanze scheinen ihrem Vermögen, nicht oder nur langsam zu welken, entgegenzustehen: Je aktiver sie nämlich ihre Duftstoffe versprüht, je stärker sie die Potenz, ihre Botschaften zu übertragen, verbraucht, um so eher könnte sie ausströmen, so wie ebenjener Speicher schnell ausläuft, der zu großzügig seinen Inhalt verschwendet.

Ebendiese naheliegende Überlegung trifft aber seltsamerweise dann nicht zu, wenn wir sie auf Lebewesen und auch auf unsere Nahrung anwenden. Die Natur hat offenbar das Optimum der Qualität nicht in der Gigantomanie einzelner, hervorstechender Fähigkeiten und der Unwidersprüchlichkeit individueller Merkmale entfaltet, sondern – im Gegenteil – um so mehr unversöhnliche Gegensätze in jedem Lebewesen verpackt, je mehr das Geschöpf verkraften kann, je höher seine Qualität, seine Aussagekraft, seine Information, der Wert seiner Botschaften sich ausprägen.

Am Beispiel der duftenden Rose heißt das: Je großzügiger sie ihre Duftstoffe zu verströmen vermag, um so langsamer wird sie auch welken, allerdings nur bis zu einem bestimmten Optimum. Sobald dieser Höhepunkt überschritten ist, erzwingt eine stärkere Duftintensität unwiderruflich auch den Preis kürzerer Lebenszeit. Selbst wenn sich die Industrie noch so große Mühe gibt, die Qualität zu verbessern: Sie kann die ganzheitliche Qualität natürlicher Lebensmittel durch »Nachbesserung« nur vermindern und möglicherweise zugunsten der einen oder anderen gegensätzlichen Eigenschaft verschieben, mit Sicherheit aber nicht noch weiter optimieren.

Eine gewisse experimentelle Bestätigung dafür liefert die Beobachtung, daß man aus schlechter Qualität des ursprünglichen Lebensmittels kein gutes Produkt mehr gewinnt, was immer man damit anstellt.

Der tiefere Grund liegt letztlich in den sogenannten »kohärenten Zuständen«, die sich mit der Biophotonenanalytik indirekt nachweisen lassen: Mit ihnen lassen sich jene seltsamen *Yin-Yang*-Eigenschaften biologischer Materie umschreiben. Sie wurden von keinem Geringeren als Erwin Schrödinger in die Quantenphysik eingeführt. Als die eigentliche gemeinsame Grundeigenschaft lebender Materie optimieren sie das Informationspotential, indem *»Möglichkeiten«* und *»Tatsächlichkeiten«* – potentielle und aktuelle Information – in ein gleichwertiges Verhältnis gebracht werden.

Beim Krokodil beispielsweise sind es die gegensätzlichen Fähigkeiten von Starre und Dynamik, beim Tischtennisspiel ist es der Zwang, langweilige Pingpongregeln einzuhalten, und die Absicht, möglichst überraschende Bälle in das gegnerische Feld zu schlagen. Bei jeder Unterhaltung ist es einerseits die festgelegte bekannte Zuordnung zwischen Begriff und Sinn und andrerseits das Bedürfnis, neue, bisher unbekannte Informationen zu übermitteln. In der Wissenschaft ist es die Notwendigkeit, die Regeln der Reproduzierbarkeit und Falsifizierbarkeit einzuhalten und dennoch neue Ergebnisse zu gewinnen, in der Forschung ist es der seltsame Drang, auf alte Fragen neue Antworten zu finden, die ebenso wieder neue Fragen aufwerfen, die neue Antworten erfordern, in der Evolution ist es die Versklavung unseres Geistes an immer höhere Ziele, um immer mehr Freiheit zu gewinnen.

In der Nahrung schließlich besteht die ideale Botschaft in der Harmonisierung einer durch den Hunger angezeigten Konfliktsituation, in der sich der Verbraucher immer wieder neu findet, mit der Folge, weiteren Streß ertragen zu können, aber schließlich auch mit Sicherheit neuen Streß, neue Konflikte immer wieder neu heraufzubeschwören. Der kohärente Impuls der Nahrung besteht aber weder in seiner Täuschung, Einengung, Betäubung oder Überforderung unseres Antennensystems, sondern in der vertrauensvollen Zeremonie einer Unterhaltung, die Freude und Genuß spendet, ohne süchtig zu machen, und die auch nicht allein nur des Genusses wegen gesucht werden muß. Die Zeremonie enthält das Element des unverbindlichen Behagens ebenso wie das der mäßigen Neugierde auf die Überraschungen, die die Botschaft immer wieder neu zu bieten hat.

Schrödingers Katzenexperiment beschreibt im übrigen exakt dieses Dilemma: Der Experimentator weiß, daß die Hälfte der in Hamburg auslaufenden Katzen lebend in Indien ankommt, und fragt, wie er das Befinden eines der Tiere während der Überfahrt nach Indien beschreiben soll. Öffnete er den Kasten, in dem sich die Katze befindet, so stellte er fest, daß sie entweder tot oder lebendig ist. Da 50 Prozent der Tiere lebend ankommen, während 50 Prozent die Überfahrt nicht überleben, muß er andrerseits, da er das wirkliche Befinden des Tieres nicht überprüfen kann, als seriöser Wissenschaftler den statistisch einzig richtigen Schluß ziehen, daß die Katze nur sowohl tot als auch mit gleicher Wahrscheinlichkeit lebendig sein kann. Der nicht auflösbare *Widerspruch*, die eigentümliche Kehrseite der »Kohärenz« dieses Zustands, besteht in dem Dilemma, daß sich die Eigenschaften, entweder tot oder lebendig sein zu müssen und gleichzeitig sowohl tot als auch lebendig zu sein, logisch gegenseitig ausschließen, obwohl sie bei gründlichem Nachdenken die einzige vollkommene Wahrheit über die Situation anzeigen.

## Konsequenzen

Eine Reihe von praktischen Konsequenzen ergibt sich aus all unseren Betrachtungen, die zum Teil alles Wissen aufgreifen, zum Teil aber einen neuen *»ganzheitlichen«* Aspekt zur Bewertung der Nahrungsqualität hinzufügen.

Für den Produzenten sollte allein die Aussicht darauf, daß er mit Hilfe neuer ganzheitlicher Aspekte die Qualität seiner Nahrung über die fragwürdige »Qualität« von Molekülgemischen hinaus erheblich zu verbessern vermag, Grund genug sein, den *neuen Qualitätsbegriff* aufzugreifen und zu »objektivieren«. Im übrigen wird der Verbraucher mit wachsendem Bewußtsein für seine Nahrung ohnehin nur jenen Produzenten auf Dauer vertrauen, die sich diesen an sich trivialen Erkenntnissen anzuschließen vermögen. Den evolutionsfähigen Produzenten bleibt also nur der Weg, neben der üblichen Analytik auf objektive biophysikalische Meßmethoden zurückzugreifen, voran die hochempfindliche und mit wachsender Erfahrung immer zuverlässiger werdende Biophotonenanalytik.

Natürlich sind ähnliche Methoden, wie beispielsweise die Infrarot-Diagnostik oder die Spin-Analytik, ebenso entwicklungsfähig und teilweise auch aussagekräftig. Wesentlich aber ist, daß wir die Nahrung als *synergetische Komposition* von Inhaltsstoffen verstehen, bei der es nicht so sehr darauf ankommt, scheinbar nützliche Moleküle anzureichern, schädliche zu entfernen und dem Verbraucher die Gigantomanie der modernen Technik bis in die Darmzotten hinein vorzuführen. Wichtig ist, daß das Konzert der Natur möglichst unverfälscht, so wie es die Natur durch kleine, aber wichtige Schritte komponiert hat, als Botschaft den Menschen erreicht. Natürlich spielt auch der »Genuß« eine Rolle. Nicht übersehen werden sollten aber auch

1. die Notwendigkeit, *»Aktivität«*, »Spannungen« zu erzeugen, und das auf keinen Fall durch Lebensmittel-Doping, sondern durch die Nutzung des gesunden Appetits – die Betonung liegt auf »gesund«;
2. die Erhaltung der *Diversität* unserer Nahrung, die elementar die notwendige Pluralität unserer Gesellschaft sichert. Wer einheitliche »Informationen« verabreicht, braucht sich nicht zu wundern, wenn die Gesellschaft wie eine Schafherde nur noch einheitlich zurückzublöken vermag;
3. die *Vernetzung* der Nahrung in allen Kreisläufen der Natur. Naturschutz beginnt bei der Erhaltung der Natürlichkeit unserer Nahrung. Probleme des Umweltschutzes sind im Grunde stets Probleme des Informationsaustausches der Lebewesen mit ihrer Umwelt. Umweltschutz ist Erhaltung der Botschaften und Optimierung der Antennensysteme, die diese Botschaften aufnehmen und weiterleiten;
4. die übergeordneten Prinzipien, die von Erwin Schrödinger deutlich erkannt wurden: die »Ordnung« unserer Nahrung, ihre Beurteilung als *»Information«*. Das wichtigste dieser Prinzipien ist der Aufbau kohärenter Zustände im physikalisch strengsten Sinne dieses Begriffes, die Optimierung des Spannungsfeldes

zwischen dem »Entweder-Oder« und dem »Sowohl-Als-Auch«. Wir müssen uns das »Sowohl-Als-Auch« erhalten, um das »Entweder-Oder« in der Praxis, in der Auseinandersetzung mit dem Augenblick, überhaupt noch zu ermöglichen.

Teil IV

# Fünf Thesen zum Verständnis unserer Nahrung

## These 1:

Hätten wir einen gesunden Appetit, bräuchten wir uns um Lebensmittelqualitätsanalysen nicht zu kümmern.

Fakt ist, daß Wildtiere mit erstaunlicher Präzision die für sie qualitativ beste Nahrung aus dem reichhaltigen Angebot der Natur auszuwählen verstehen.

»Gesunder« Appetit heißt nach unserer Auffassung, diese Fähigkeit zu pflegen und zu bewahren.

Durch künstliche Veränderung der Nahrung wird unser Detektor für Qualität, das Sensorium, ebenso verändert. So bevorzugten Amerikaner Ananas in Dosen, da sie sich an den Zinngeschmack gewöhnt hatten. Hauskatzen ziehen das mit Aromen angereicherte Katzenfutter dem ehemals wichtigen frischen Mausfleisch vor.

Die Frage, welche der Veränderungen des ursprünglich gesunden Appetits zu Irritationen in der richtigen Auswahl der Lebensmittel führt, läßt sich bisher allgemein nicht beantworten. Es ist anzunehmen, daß dabei auch genetische Komponenten eine bedeutende Rolle spielen. Nicht falsch kann es aber sein, so weit wie möglich seinem Appetit auf frische naturbelassene Nahrung zu folgen.

Nicht falsch kann es auch sein, auf jene Speisen zu verzichten, die nur mit Widerwillen verzehrt werden.

Die Schärfung des individuellen gesunden Appetits, das Hineinhorchen in die eigenen Bedürfnisse und die Ablehnung von Unbehaglichkeiten während der Nahrungsaufnahme ist eine wichtige Richtschnur gegen Langzeitschäden durch Aufnahme minderwertiger Nahrung.

Die Einhaltung dieser Regel dürfte auch gegen Übergewicht sinnvoller sein als fragwürdige Diäten. Glücklicherweise sorgt der »gesunde« Appetit dafür, daß die Sättigung durch das Gefühl der Behaglichkeit und der inneren Wärmeproduktion mit weniger hoher Kalorienaufnahme zu erreichen ist als nach Aufnahme von Speisen, die den Appetit bewußt oder unbewußt unbefriedigt lassen.

Ein »gesunder« Appetit zeichnet sich vermutlich auch dadurch aus, daß er in Richtung möglichst hoher Nahrungsvielfalt strebt und Eintönigkeit vermeidet. Dieser Instinkt zur Diversität verhilft zur Weite des Gefühlshorizonts des Verbrauchers, zu einem evolutionären Bewußtsein und befreit den Konsumenten aus Abhängigkeiten von Singularitäten wie Alkohol, Nikotin, Drogen, Süßigkeiten und was auch immer sonst.

Der gesunde Appetit reagiert auch nicht auf Einzelkomponenten, wie es die chemische Analyse tut, sondern auf die »Ganzheitlichkeit« der Nahrung. Unsere Sinnesorgane, so auch unser Auge bezeugen dies. Die Biophotonik objektiviert diese Eindrücke. Der gesunde Appetit spricht sozusagen auf das abgerundete Zusammenspiel aller Substanzen an. Der Unterschied zwischen biochemischer Analytik und ganzheitlicher Sensorik läßt sich mit der unterschiedlichen Wirkung eines Gemäldes vergleichen, dessen einzelne Farben, als Kleckse hintereinander aufgereiht keinen Sinn ergeben, aber andrerseits als künstlerische Komposition attraktiv erscheinen.

## These 2:

Qualität kann nur »ganzheitlich« verstanden werden.

Alle Aussagen, die sich auf Einzelkomponenten der Nahrung beziehen, können höchstenfalls die Bedeutung von Postulaten über bestimmte Buchstaben eines Gedichts erhalten. Damit lassen sich jene Inhalte, die semantisch, aber nicht syntaktisch zu verstehen sind, nicht erfassen.

Das Vermahlen von Getreidekörnern zerstört deren Keimfähigkeit, ohne daß sich etwas an den Inhaltsstoffen ändert. Die Inhaltsstoff-Analytik kann deshalb auch keine relevante Aussage über eine der wichtigsten Qualitätseigenschaften überhaupt, nämlich die Lebensfähigkeit, machen.

Die Biophotonik erlaubt die Bestimmung der Keimfähigkeit, da sie nicht (allein) auf die Inhaltsstoffe, sondern auf deren raum-zeitliche Organisation anspricht.

Eben darauf reagiert aber auch der Verbraucher in seinen Reaktionen wie Verträglichkeit, Geschmack und Wohlbefinden.

Die innere »Ordnung« des Lebensmittels, die nach Erwin Schrödinger auch entsprechend die »Ordnung« des Verbrauchers erzeugt und stabilisiert, ist nur ganzheitlich zu bestimmen. Lebensmittelqualität ist die Fähigkeit, möglichst kompatibel Ordnung bei kleinstmöglichem Kalorienverbrauch zu übertragen. Dieses Kriterium schließt alle bekannten und sinnvollen Qualitätsmerkmale ein.

Die Messung dieser inneren Ordnung erlaubt konsequenterweise die Bestimmung aller relevanten Qualitätsparameter. Bestätigt wurde das beispielsweise von fachkundigen Lebensmittellabors. In einem Ringversuch des größten Lebensmittelkonzerns stellte sich heraus, daß die Biophotonenmeßwerte von Getreide nicht nur die Keimfähigkeit, sondern auch die Informationen über die Backfähigkeit von Mehl und anderer wichtiger bekannter Qualitätsmerkmale enthalten.

Diese Ergebnisse liefert die Biophotonik kostensparend, verläßlich und ohne großen Aufwand. Unabhängig davon bestätigte z.B. J. Matschke (Bildungs- und Versuchszentrum des Gartenbaus, Münster), daß die innere Qualität von Pflanzen am besten mit der Biophotonik zu bestimmen ist.

## These 3:

Die moderne Lebensmittel-Analytik kommt an der Lichtspeicherfähigkeit der Nahrung nicht vorbei.

Im Grund genommen leben alle Lebewesen von Licht, zunächst über die Photosynthese der Pflanze, dann über die Glykolyse, bei der das Lichtspeichermolekül Zucker (bestehend aus Kohlendioxid, Wasser und chemisch gebundenem Sonnenlicht) in die Ausscheidungsprodukte Kohlendioxid und Wasser abgebaut wird. Zurück bleibt Sonnenlicht, das in Form elektromagnetischer Energie den Metabolismus dirigiert und aktiviert. Das erklärt den besonderen Einfluß des Sonnenlichts auf die Qualität der Früchte und Lebewesen. Entscheidend ist die Fähigkeit des lebenden Organismus, der ja nach seinem Ableben als Nahrung dient, Lichtenergie aufzunehmen und in bestimmter Weise an den Verbraucher abzugeben.

Der elementare physikalische Vorgang, der dieses Prinzip beschreibt, ist die Speicherfähigkeit für elektromagnetische Energie, insbesondere Licht.

Verbunden damit ist nach physikalischen Gesetzen die Eignung, dem Verbraucher eben jene Ordnung zu übertragen, von der Schrödinger spricht.

Dieser elementare Prozeß gibt darüber hinaus der Evolution einen Sinn: »Leben« bedeutet danach insbesondere Verhinderung der Dissipation des Sonnenlichts in minderwertige thermische Energie. Lebewesen blockieren die spontane Zerstreuung der hochwertigen Sonnenenergie durch höchst-potente Speicherfähigkeit und Umsetzung in Information. Konsequenterweise muß die Speicherfähigkeit für Licht als tragende Säule der Lebensmittelqualität betrachtet werden. Aus dieser Eigenschaft resultiert unsere Fähigkeit, die Qualität von Lebensmitteln visuell zu beurteilen, so wie es auch heute noch die meisten Verbraucher tun.

Die Biophotonen-Analytik setzt diese Eignung objektiv und mit der technisch höchstmöglichen Sensitivität um.

## These 4:
Nahrung ist Information.

Ebenso, wie man von einem Buch, einem Gemälde, einem Gespräch, einem Konzert gut oder schlecht unterhalten und »informiert« werden kann, so dient die Nahrung dem Verbraucher im wesentlichen als gute oder schlechte Information.

Im Laufe der Evolution hat sich der Energiebedarf des Lebewesens zugunsten wachsenden Informationsbedarfs verringert. Ein einfaches Beispiel ist die Differenzierung der Zellen, die in Richtung wachsenden Informationsflusses bei immer stärker werdender Einschränkung des Metabolismus voranschreitet. Mit dieser Entwicklung erhält der Informationswert gegenüber dem energetischen Wert wachsende Bedeutung. »Nahrung« ist die Basis-Substanz, von der aus die evolutive Entwicklung vom Energieträger zum Informationsträger begann.

Die Zahl der Informationseinheiten (in bit) ist sicher nicht von der Kalorienzahl abhängig, aber von der Speicherfähigkeit (Q-Wert) des Lebensmittels für elektromagnetische Energie. Die Messung des Q-Werts erlaubt es deshalb, die Qualität zu quantifizieren (vgl. S. 60).

Daß naturgemäß die mit der Nahrung übertragene Information zur Organisation und zum Aufbau der Zellen übertragen wird, beruht neben der Bedeutung der Sonnenstrahlung auf zwei physikalischen Gesetzmäßigkeiten:

1. Die Fähigkeit zur Informationsübertragung steigt mit der vierten Potenz der Frequenz der elektromagnetischen Wellen an. Das Frequenzfenster der Biophotonen reicht bis in den ultravioletten Bereich.
2. Heute weiß man, daß die Kommunikationsfähigkeit über elektromagnetische Wellen (Photonen) im Gebiet niedrigster Intensitäten, wie man sie in der Biophotonik vorfindet, wesentlich besser sein kann als bei hohen Intensitäten.

Das Signal/Rausch-Verhältnis nicht-klassischen Lichts im Bereich der Biophotonen-Intensität kann theoretisch sogar ins Unermeßliche ansteigen.

Periodizitäten, wie Biorhythmen, spielen dabei ebenso eine fundamentale Rolle. Die Lichtwirkung der Nahrung im Organismus überträgt die elementare Information zum Aufbau, der raumzeitlichen Organisation der Zellen bereits von Beginn der Nahrungsaufnahme an, zum Beispiel durch Erregung und Abregung sensorischer Reflexe. Die Verarbeitung und Verdauung der Nahrung läuft wie ein Konzert ab, das von den komplexen Lichtspielen dirigiert wird. Die Kalorienaufnahme entspricht der Anregung von Milliarden und Abermilliarden Taktstöcken dieses Konzerts.

Nach diesen Vorstellungen verdanken wir es dem extrem stabilen Biophotonen-Feld des Organismus, daß »Mißtöne« – wenigstens kurzzeitig – auch verkraftet werden können.

Langfristig dürften aber ständige Aberrationen Informationskatastrophen auslösen, so zum Beispiel Krebs, Herz-Kreislauf-Versagen, Allergien und vieles mehr.

Aus der »Nahrung« als Basis-Information entwickelten sich im Laufe der Evolution weitere, rein physikalisch wirksame Informationsquellen wie Schall, elektromagnetische Wellen niedriger Frequenzen mit immer feinerer Abstimmung bis hin zur menschlichen Sprache.

Das endgültige physikalische Prinzip, auf das sich diese Kommunikation stützt, ist nach unserer Auffassung auf einen aktiven Lichtsog (photon sucking) durch Phasenkonjugation an optischen Doppelschichten zurückzuführen.

## These 5:

Die Nahrungskette legt Richtung und Inhalte der menschlichen Evolution fest.

»Fressen und gefressen werden« ist eine im weitesten Sinne evolutive Strategie, die den Informationsfluß auf immer höhere Stufen, räumlich und zeitlich fortschreitend, anhebt. Es handelt sich um einen elementaren Vorgang der Bewußtseinsbildung, beginnend bereits beim Samenkorn, über das individuelle Bewußtsein des Bürgers bis zur Entwicklung eines globalen Bewußtseins.

Das Samenkorn kann seine Energiequellen (Stärke) durch Biophotonen so steuern, daß immer dann, wenn seine Organisation zusammenzubrechen droht, die Energiequelle gezielt angezapft wird, um die Ordnung wieder aufzubauen und zu stabilisieren.

Dieser Dialog aus potentieller Information (z. B. Keimfähigkeit) und aktueller Information (Stabilisierung durch passende Energieaufnahme) ist einer der Elementarprozesse unseres Bewußtseins. Er entfaltet sich zu immer höheren Graden und Formen in immer weiteren Dimensionen.

»Nahrung« ist der Vermittler dieses Vorgangs.

Das bedeutet für uns, daß wir gut daran tun:

- die Qualität unserer Nahrung in das Zentrum der Aufmerksamkeit zu rücken,
- dabei ein ganzheitliches Verständnis zu gewinnen,
- die Methoden zu fördern, die uns objektive Kriterien der Lebensmittelqualität liefern,
- um die beste und hochwertigste Nahrung für uns und unsere Kinder zu ringen,
- die Zusammenhänge zwischen der »Substanz« Nahrung (einschließliche Arzneimittel) und den Lebensmitteln, ja, darüber hinaus zum Leben und zur Evolution intensiv zu erforschen und zu begreifen.

# Anhang

## Anwendungsgebiete

A) *Mustererkennung, Identitätsprüfung*

Die optischen Visitenkarten sind so umfangreich qualitätsspezifisch, daß sie schnell und sicher die Prüfung zulassen, ob zwei Proben gleiche oder ungleiche Qualität aufweisen (s. Tomatenmuster).

Die Methode eignet sich zur schnellen Wareneingangs- und Warenausgangskontrolle und zur Kontrolle vom Mischungsverhältnis (z. B. Backmischungen).

B) *Optimierung der Produktion, Lagerung und Verarbeitung*

Mit der Veränderung der optischen Visitenkarten verändert sich korrelativ die Qualität. Systematisch kann man so Qualitätssteigerungen erkennen und erzielen, z. B. durch
- geeignete Standort- und Sortenauswahl,
- optimale Haltungsmethoden,
- Lagerungs- und Konservierungsverfahren,
- Packungsmaterial...

C) *Erkennung interner Faktoren, wie*

- Proteingehalt,
- Schadstoffbelastung,
- Bestrahlung,
- genetische Veränderungen,
- Natürlichkeit von Aromastoffen,
- Vitalität von Bierhefe,
- thermische Vorbehandlung von Honigen,
- Keimfähigkeit von Getreide,
- Backfähigkeit des Mehls,

- Haltbarkeit von Pflanzen,
- Reifezustand,
- Frischezustand,
- ...

D) *Erkennung externer Faktoren, wie*

- Einfluß von Boden, Klima, Düngung,
- Schadstoffe,
- Zusatzstoffe,
- physikalische Belastungen (Einfrieren, thermische Behandlung...),
- mikrobielle Kontamination.

E) *Qualitätsabstufungen im »ganzheitlichen Sinne«*

- Frischezustand der Produkte,
- Zusammenhang zum Geschmack (Sensorik),
- Qualitätseinstufung nach »Ordnungszustand«,
- Dimensionalität des Produkts (z.B. Duft, Aussehen, Haltbarkeit bei Blumen),
- ernährungsphysiologsiche Bedeutung,
- Verträglichkeit,
- Qualitätsreihenfolge bei Vergleichsprodukten.

## Zum Einsatz der Biophotonik

1. *Keimfähigkeit von Gerste (Getreide und anderen Samen)*

Gerste ist um so keimfähiger, je niedriger die Reemissionswerte nach Ausstrahlung mit Weißlicht sind. Kennt man Sorte und Wassergehalt, läßt sich die Keimfähigkeit auf wenige Prozent genau vorhersagen. Die Dauer der Messung kann auf wenige Minuten reduziert werden. Allerdings empfiehlt es sich, die Körner (etwa hundert) gut auszulesen bzw. mehrere Proben zu messen.

2. *Frischezustand jedweder Produkte*

Alle Produkte ändern in Abhängigkeit vom Frischezustand empfindlich ihre Biophotonen-Meßwerte. Nach Kalibrierung mit Produkten, deren Alter oder Frische bekannt ist, kann der Frischezustand dieser Produkte schnell und innerhalb geringer Fehlerbreiten bestimmt werden.

Umgekehrt ist es möglich,
- Verpackung,
- Lagerungsbedingungen,
- Konservierungsverfahren und andere Vorbehandlungen hinsichtlich der Haltbarkeit der Produkte zu optimieren oder Vorbehandlungen (z.B. Bestrahlung, thermische Präparation) zu erkennen.

3. *Allgemeine »ganzheitliche« Qualitätsanalyse, die z.B. mit ernährungsphysiologischer Bedeutung, Geschmack und anderen bekannten Qualitätsparametern korreliert.*

Grundlage ist die Faktorenanalyse, die die bekannten Zusammenhänge zwischen visuellem Eindruck und Qualität objektiviert und mit bestmöglicher Systematik quantifiziert.

Die Ergebnisse liefern
- die Dimension der Qualitätseigenschaften, d.h. die Mindestzahl unabhängiger Merkmale, in denen sich die untersuchten Proben unterscheiden (z.B. Schadstoffgehalt, Frischezustand),
- die Qualitätsreihenfolgen der Proben für die bestimmten Merkmale, quantifiziert nach Faktorenwerten.

Mit dieser Methode lassen sich aus einem Ensemble vergleichbarer Proben stets die qualitativ hochwertigen von den minderwertigen unterscheiden und unbekannte Einflußgrößen systematisch analysieren und eingrenzen (beispielsweise Schwachstellen in der Herstellung oder Verarbeitung von Rohprodukten).

4. *Erkennung äußerer Einflüsse*

Für die Baubiologie ist es beispielsweise interessant, den Einfluß der verschiedenen Holzarten (oder Wandanstriche) auf die Vitalität biologischer Systeme zu untersuchen. Keimlinge werden in Modellhäuschen der verschiedenen Baustoffe unter gleichen physiologischen Bedingungen gezüchtet. Die Biophotonen-Parameter der Keimlinge werden einer Faktorenanalyse unterworfen. Aus der objektiven und quantifizierten Qualitätsreihenfolge der Keimlinge lassen sich Rückschlüsse über die Verwendbarkeit der Materialien ziehen. Ähnliches gilt für Standortbedingungen bei der Anzucht von Getreide u.a. Produkten.

5. *Reifezustand von Früchten*

Große Handelsketten, die Früchte lagern, wissen oft nicht oder nur vage, wann sie bestimmte Früchte genügend lange Zeit vor dem Verderb liefern müssen. Erfolgt dies zu früh oder zu spät, findet die Ware keine Käufer. Die Biophotonik deckt mit höchster Empfindlichkeit den Reifegrad von Früchten auf. Sie eignet sich deshalb auch in optimaler Weise zur Bestimmung des Liefertermins für gelagertes Obst.

6. *Bestimmung der Haltbarkeit von Nutzpflanzen und Eigenschaften (z. B. optimaler Pflanzenabstand, Düngevarianten etc.)*

Wie Untersuchungen von Prof. Jürgen Matschke (Staatliches Bildungs- und Versuchszentrum des Gartenbaus, Münster-Wollbeck) zeigten, eignet sich die Biophotonik als einzige Methode zur Bestimmung der Haltbarkeit von Nutzpflanzen (lange Zeit bevor sie wirklich eingehen).

7. *Qualitätsveränderungen in Flüssigkeiten*

Die sogenannte Elektrolumineszenz nutzt die Photonenemission nach Anlegen eines definierten Spannungsimpulses an Elektroden in Flüssigkeiten zur Indikation geringster Qualitätsunterschiede. Die Methode ist so sensitiv, daß z. B. auch sehr wenige Bakterien/ml nachweisbar sind. Es gibt praktisch keine relevante Veränderung in der Qualität von Flüssigkeiten, die mit Hilfe der Elektrolumineszenz nicht nachweisbar wäre.

# Methoden der Lebensmittelanalytik

## Chromatographische Verfahren

*Prinzip:* Trennung von Substanzgemischen unter Ausnutzung von Adsorptions- und Desorptionsvorgängen an Trägermaterialien (stationäre Phase) mit nachfolgender Detektion.

– *Dünnschicht-Chromatographie (DC)*
Dünne Platten mit Trägermaterial beschichtet. Lösungsmittel als mobile Phase.

– *Flüssig-Chromatographie*
(HPLC, High Performance Liquid Chromatographie)
Trägermaterial in Säulen (Länge i. a. 20 cm), flüssige mobile Phase wird mit Substanzgemisch durch die Säule gepumpt. Besonders geeignet für Substanzen, die nicht-flüchtig sind oder nicht ohne Zersetzung in Gasphase überführt werden können. Detektion (Refraktometer, UV-Detektor, Fluoreszenz-Detektor, Dioden-Array-Detektor).

– *Gas-Chromatographie (GC)*
Beschichtete Kapillarsäulen (i. a. 30 cm Länge), Gas als Trägerstrom bzw. mobile Phase. Substanzen werden hinter dem Einspritzblock in die Gasphase überführt und mit dem Gasstrom durch die Säule getrieben.

– *Unspezifische Detektion:* Flammen-Ionisations-Detektor
Wärmeleitfähigkeits-Detektor

– *Spezifische Detektion:* Elektroneneingang-Detektor
Thermoionischer Detektor, MS-Detektor u. a.

## Spektroskopische Verfahren

– *Atom-Absorptions-Spektroskopie (AAS)*
Selektiv für Metallanalytik (v. a. Schwermetalle).

– *Elektronenspin-Resonanz-Spektroskopie (ESR)*
Teilweise nutzbar zum Nachweis bestrahlter Lebensmittel.

– *Kernresonanz-Spektroskopie (NMR)*
Verbreitet in Weinanalytik (u. a.) zum Nachweis von Zuckerung, Verschnitt, Anbaugebiet etc. Auch zur Altersbestimmung von Spirituosen (Whisky, Cognac etc.).

– *Photometrie*
Quantitative Bestimmung von absorbierenden Verbindungen oder nach Derivatisierungen mit solchen (Lambert-Beer-Gesetz).

## Sonstige Verfahren

– *Enzymatik*
Spezifische Umsetzung mit Enzymen in Abhängigkeit von z. B. NAD (P) bzw. NAD (P)H. Quantitative Bestimmung durch Extinktionsmessung des verbrauchten NAD (P) bzw. NAD (P)H.

– *Gravimetrie*
Bestimmung von Gehalten durch Wägung, z. B. Fettgehalt nach Extraktion, Wasserbestimmung durch Ermittlung der Gewichtsdifferenz vor und nach Trocknung.

– *Titrimetrie*
Bestimmung von Gehalten durch Titration mit definierten Mengen an Reagenzien. Detektion z. B. durch pH-Änderung, Potentialänderung etc.

## Faktorenanalyse

Definiert man den Begriff »Intelligenz« mit der Fähigkeit, in neuen Situationen komplexe Sachverhalte spontan zu erfassen, dann zeigt die Erfahrung, daß diese »ganzheitliche Qualität« von den folgenden einzeln erfaßbaren Eigenschaften abhängt:

1. Fähigkeit zur Abstraktion,
2. Lust am Kombinieren,
3. intellektuelle Beweglichkeit,
4. schlußfolgerndes Denken,
5. Genauigkeit und Geschwindigkeit des Erfassens,
6. Gedächtnisleistung,
7. Beherrschung der Sprache,
8. Raumvorstellung,
9. rechnerische Begabung,
10. Phantasie.

Diese einzelnen Fähigkeiten können unabhängig voneinander auftreten. Wer in Mathematik gut ist, muß noch lange kein Sprachgenie sein; phantasiereichen Personen wünscht man gelegentlich mehr »gesunden Menschenverstand«, etc. Jeder, der die »Intelligenz« einer Gruppe von Menschen beurteilen will, muß aber mindestens die oben erwähnten Einzelfähigkeiten testen, um zu einem einigermaßen widerspruchsfreien und »objektiven« Urteil zu kommen. In einer vergleichbaren Situation befindet man sich auch, wenn man die »Qualität« von Lebensmitteln zu beurteilen hat: die Qualität setzt sich nämlich stets aus einer Vielfalt von Einzelmerkmalen zusammen. Zunächst geht es also immer darum, die Liste der einzelnen Eigenschaften, die den ganzheitlichen Begriff »Qualität« bestimmen, durch eine Messung (oder einen möglichst objektiven »Test«) aufzustellen.

Beispielhaft soll nun im folgenden fünf Parteien, die wir fiktiv aus einer Parteienlandschaft auswählen, ein gemeinsamer »Intelligenzfaktor« zugeordnet werden. Wir bezeichnen die Parteien mit I, II, III, IV und V, so daß eine gewisse Intelligenz notwendig sein dürfte, um zufällige Übereinstimmungen mit den wichtigsten bei uns vertretenen Parteien festzustellen. Wir beurteilen die Fähigkeiten zunächst nach den Einzelmerkmalen 1. bis 10., die oben angegeben sind, indem wir das Erscheinungsbild jeder der Parteien in der Öffentlichkeit zugrunde legen. Um das Urteil zu erleichtern, führen wir nur drei Notenstufen ein, wobei 1 = die ideale Leistung, 2 = ein durchschnittliches Vermögen und 3 = absolute Unfähigkeit bezeichnen sollen. Am Beispiel der Partei I sieht die Beurteilung in den einzelnen Fächern wie folgt aus:

| | | |
|---|---|---|
| 1. | Abstraktionsvermögen | 2 |
| 2. | Kombinationsvermögen | 3 |
| 3. | intellektuelle Beweglichkeit | 1 |
| 4. | schlußfolgerndes Denken | 3 |
| 5. | Präzision des Erfassens | 3 |
| 6. | Gedächtnisleistung | 3 |
| 7. | Sprachbeherrschung | 1 |
| 8. | Raumvorstellung | 3 |
| 9. | rechnerische Begabung | 2 |
| 10. | Phantasie | 3 |

Ebenso erhalten die Parteien II, III, IV und V solche grob vereinfachenden Noten in den verschiedenen Fächern. Da es hier nur auf das Prinzip ankommt, können wir auf Zwischennoten oder weitergehende Genauigkeiten verzichten. Alle »Zeugnisse« sind in *Tab. A1* aufgelistet und in *Abb. A1* in einem Koordinatensystem als Notenprofile gezeichnet.

| Fach | 1 | 2 | 3 | 4 | 5 | 6 | 7 | 8 | 9 | 10 |
|---|---|---|---|---|---|---|---|---|---|---|
| Partei | | | | | | | | | | |
| I | 2 | 3 | 1 | 3 | 3 | 3 | 1 | 3 | 3 | 3 |
| II | 3 | 3 | 1 | 3 | 3 | 3 | 2 | 3 | 3 | 3 |
| III | 1 | 2 | 2 | 2 | 3 | 2 | 3 | 2 | 3 | 3 |
| IV | 2 | 1 | 1 | 3 | 3 | 3 | 1 | 3 | 3 | 2 |
| V | 1 | 1 | 2 | 3 | 3 | 2 | 2 | 3 | 3 | 1 |

*Tabelle A1*

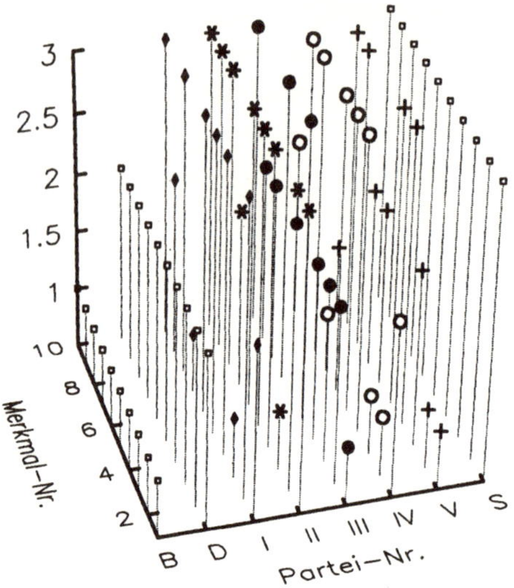


*Abb. A 1:* Datenprofil (Tabelle, Diagramm). Die Bestnoten B, Durchschnittsnoten D und schlechtesten Noten S für die verschiedenen Merkmale 1 bis 10 (Abstraktionsvermögen bis Phantasie) im Vergleich zu den wirklichen Noten für die Parteien I bis V.

Die Intelligenzprofile der Parteien sind in *Abb. A 1* zusätzlich noch im Vergleich zu den denkbar besten (durchgehend die Note 1, B), den Durchschnittserwartungen (durchgehend die Note 2, D) und den denkbar schlechtesten Leistungen (durchgehend die Note 3, S) dargestellt.

Obwohl die Profile klar vorliegen und nun auch mit den besten, den durchschnittlichen und den schlechtesten Leistungen verglichen werden können, gelingt es mit diesen Zeugnissen aber nicht, ein objektives Maß für die »Intelligenz« jeder Partei zu bestimmen und damit eine Rangordnung nach steigender oder fallender Intelligenz festzulegen. Genau das ist das Problem bei jeder Qualitätsanalyse.

Die Faktorenanalyse löst dieses Problem, indem sie

1. einen gemeinsamen »Faktor« errechnet, der das »Typische« aller Parteien aus allen vorliegenden Zeugnissen herauskristallisiert, und

2. es überdies erlaubt, jeder Partei das Ausmaß zuzuordnen, mit dem diese Partei das »Typische« wirklich innehat und darstellt.

Die mathematische Prozedur der Faktorenanalyse besteht zu diesem Zweck in der Berechnung
1. der Faktorenladungen, die das typische Merkmal kennzeichnen,
2. der Faktorenwerte, die jeder Partei das Ausmaß zuordnen, mit dem sie über das typische Merkmal verfügt.

Es ist hier nicht nötig, auf den mathematischen Hintergrund einzugehen. Die Faktorenanalyse steht heute in Lehrbüchern der mathematischen Statistik. Es gibt Computerprogramme, die alle notwendigen Ergebnisse liefern, sobald man die Meßwerte – in unserem Beispiel die Notenprofile der Parteien – als Eingangsdaten eingibt.

Die Faktorenladungen, die der Computer nach Eingabe der Zeugnisnoten errechnet, sind in *Abb. A 2* dargestellt.

Es fällt auf, daß die Faktorenladungen für die Fächer 3 und 7 groß sind, während sie für die Fächer 4, 5, 6 deutlich kleiner ausfallen.

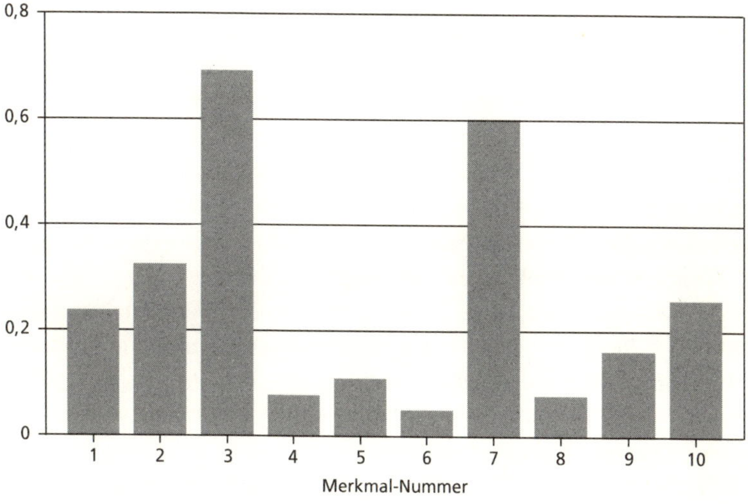


*Abb. A 2:* Faktorenladungen (Faktor 1)

Was bedeutet das? Die Faktorenanalyse, die auf einer objektiven Umrechnung der Eingangsdaten beruht, liefert uns mit diesen Werten die in *Abb. A 2* dargestellten Informationen.

- Die Fächer 4, 5 und 6 sind nicht die »Stärke« der Parteien. Sie zeigen Schwächen in schlußfolgerndem Denken, in der Auffassungsgabe und vor allem in der Gedächtnisleistung.
- Dagegen überragen die Parteien den Durchschnittsbürger in den Fächern 3 und 7, das sind intellektuelle Beweglichkeit und Sprachbeherrschung.

Wir sind nicht überrascht über das Ergebnis. Weit mehr überrascht uns die Fähigkeit der Faktorenanalyse, dieses Resultat, das man dem Notenprofil bei weitem nicht ohne weiteres ansieht, so klar herauszuschälen. Die Faktorenwerte für die einzelnen Fächer bestimmen so den Intelligenzquotienten der Parteien. Dieser gemeinsame Faktor, festgelegt und bestimmt durch seine Faktorenwerte, ist nach dem Ergebnis der Faktorenanalyse typisch für Parteien und charakterisiert ihre Qualität.

Tatsächlich entschlüsselt so die Faktorenanalyse die gesuchte gemeinsame Eigenschaft aller Parteien, mit der wir weit mehr anfangen können als mit dem Notenprofil der *Abb. A 1*. Diese Eigenschaft des gemeinsamen Faktors scheint uns tatsächlich typisch zu sein, wir begreifen sie »ganzheitlich«, und wir fragen unbewußt nach ihr, wenn wir uns ein Urteil bilden wollen. Die Faktorenanalyse befreit uns auf diese Weise von Schubladendenken, das nicht weiterhelfen kann. Sie liefert einen relevanten Faktor, der unserem ganzheitlichen Urteilsvermögen entspricht und die »Qualität« nach bestmöglicher Objektivität definiert.

Diese »Qualität« ist es auch, nach der der Verbraucher fragt, wenn er die Nahrung beurteilt. Ihn interessiert nicht der Katalog von Einzelmerkmalen, wie Inhaltsstoffe, Gewicht, Form, Farbe, sensorischer Wert, Nährwert, Säuregrad, Verpackung, sondern der übergeordnete Faktor »Qualität«.

Wir wollen aber nicht nur die typische Eigenschaft aller untersuchten Objekte erfassen, sondern auch das Ausmaß, in dem die ein-

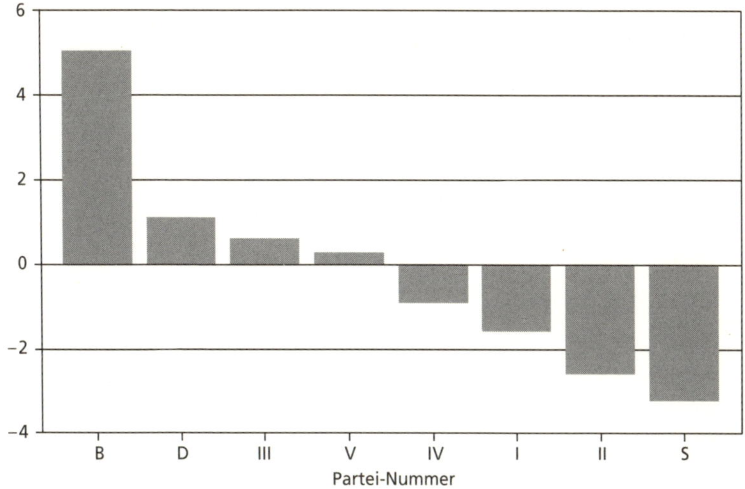


*Abb. A 3:* Faktorenwerte (Faktor 1)

zelnen Objekte über das charakteristische Merkmal verfügen. Auch das leistet die Faktorenanalyse. Im Beispiel liefert sie uns mit den Faktorwerten, die in *Abb. A 3* dargestellt sind, das Maß, mit dem die einzelnen Parteien über die Qualität, die wir hier als »Intelligenz« bezeichnen, verfügen.

Es überrascht nicht, daß dabei die Gruppe B (die durchweg in allen Fächern die Note 1 hatte) am besten abschneidet. Schon wesentlich geringer fällt der Faktorenwert der Gruppe D (Durchschnittsgruppe mit der Note 2) aus, der als zweiter Balken von links in *Abb. A 2* dargestellt ist. Erst danach kommt die Partei III; die von allen die intelligenteste ist, aber dennoch unter dem erwarteten Durchschnittsniveau liegt. Am schlechtesten schneidet natürlich die Gruppe S ab. Nicht weit davon entfernt befindet sich die Partei II, die – was ihre Intelligenz anbelangt – mit diesem Balken die verdiente objektive Würdigung ihrer Leistung findet. Sie wird sich bemühen, die Anwendung der Faktorenanalyse in der Öffentlichkeit zu unterdrücken, falls ihre Fähigkeit in schlußfolgerndem Denken tatsächlich ihrer Note entspricht.

Ebenso geht man bei der Lebensmittelqualitätsanalyse vor: Sobald die Faktorenladungen zur Bestimmung der Qualität bestimmt sind, ordnen die Faktorenwerte den einzelnen Proben das Ausmaß zu, mit dem sie über die typische Qualität verfügen.

# Biophotonik

In diesem Abschnitt erklären wir zusammenfassend und systematisch das Prinzip der Biophotonik, wie es sich heute für die praktische Anwendung darstellt. Für den Leser, der keine Zeit findet, das Büchlein sorgfältig zu lesen, die Methode aber dennoch kennenlernen möchte, genügt es zunächst, sich auf diesen Abschnitt zu beschränken.

## Methode

Messung reemittierten Lichts im sichtbaren Spektralbereich mit höchstmöglicher Empfindlichkeit ($\cong 10^{-17}$ Watt). Die extrem hohe Empfindlichkeit erlaubt es, das spektrale Nachleuchten noch Sekunden bis Minuten nach Anregung zu erfassen.

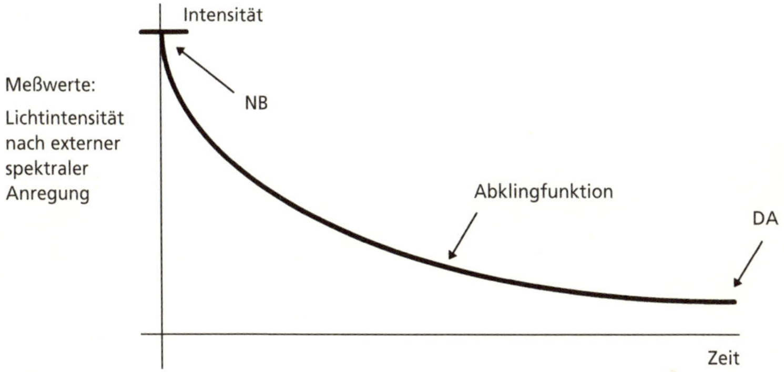


NB: höchster (erster) Meßwert der Lichtemission nach Anregung; DA: Asymptotenwert nach dem Abklingen; CHiE: Maß der Abweichung der Abklingfunktion von der bestangepaßten Exponentialfunktion; CHiH: Maß der Abweichung von der bestangepaßten Hyperbelfunktion; aH: Maß für Abklingzeit (vgl. folgende Abb.)

## Ergebnis der Messung

Eine spektrale optische Visitenkarte des gemessenen Lebensmittels: NB-Werte, aH-Werte, CHiE-Werte, CHiH-Werte in Abhängigkeit von der Farbe.

Nach Normierung entsteht für jedes Lebensmittel das beigefügte Muster: Im Fall eines grünen (hier: dunkelgrauen) Dachs (wie näherungsweise *Abb. 1c*) ist die Qualität ideal.

Die optischen Visitenkarten belegen: Die Markt-Tomaten (*Abb. 1a*) sind identisch mit den Supermarkt-Tomaten (*Abb. 1b*) (bei unterschiedlichen Preisen!), während in diesem Fall die Bioland-Tomaten (*Abb. 1c*) eindeutig die beste Qualität aufweisen.

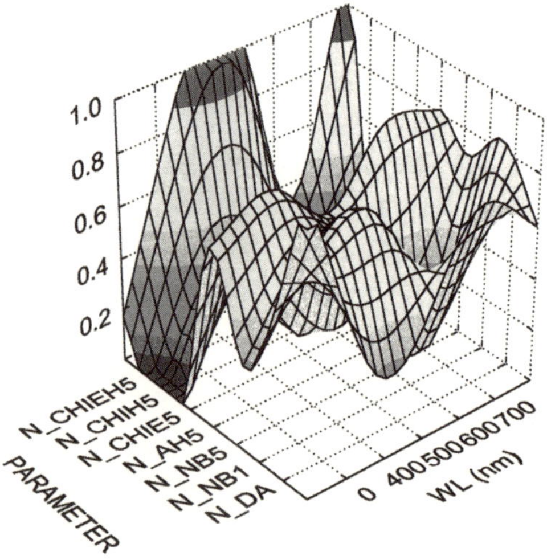


*Abb. 1a:* Tomaten vom Markt

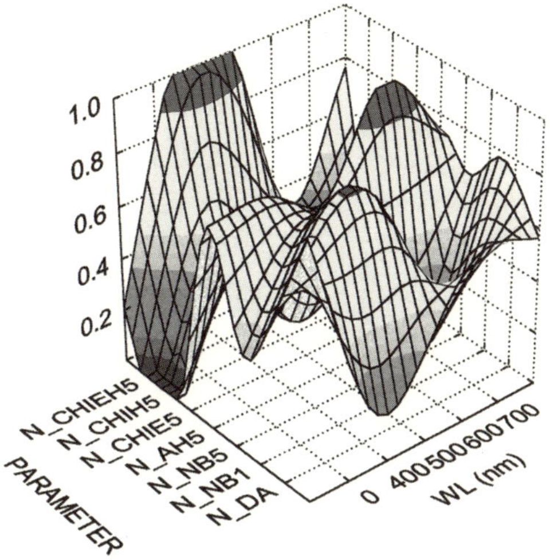


*Abb. 1b:* Tomaten vom Supermarkt

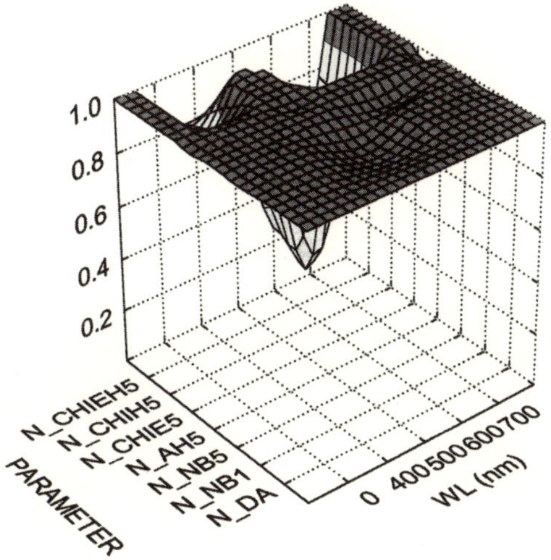


*Abb. 1c:* Tomaten von Bioland

## Schrödingers Theorie und die Biophotonik, eine kurze und konsistente Erläuterung für Fachleute

Die spezifischen Entropien und freien Energien der Nahrung, des Verbrauchers und der ausgeschiedenen Produkte bezeichnen wir mit $s_N$, $s_V$, $s_P$ bzw. $\varepsilon_N$, $\varepsilon_V$ und $\varepsilon_P$. Sie sind jeweils pro Masseneinheit der entsprechenden Mengen $m_N$, $m_V$ und $m_P$ definiert. Es existieren die drei Bilanzgleichungen.

$$m_N + m_V = m'_V + m_P \tag{1}$$

$$\varepsilon_N m_N + \varepsilon_V m_V = \varepsilon'_V m'_V + \varepsilon_P m_P \tag{2}$$

$$s_N m_N + s_V m_V \leq s'_V m'_V + s_P m_P\,, \tag{3}$$

entsprechend der Massen- und Energiehaltung (1, 2) sowie des zweiten Hauptsatzes (3), wonach die Gesamtentropie nicht abnehmen kann.

Aus (2) und (3) erhalten wir

$$\frac{s_N}{\varepsilon_N} \leq \frac{(s'_V m'_V - s_V m_V) + s_P m_P}{(\varepsilon'_V m'_V - \varepsilon_V m_V) + \varepsilon_P m_P} \tag{4}$$

oder, nach Umformung

$$\frac{s_N}{\varepsilon_N} \leq \frac{\dfrac{(s'_V m'_V - s_V m_V) + s_P m_P}{\varepsilon'_V m'_V - \varepsilon_V m_V}}{1 + \dfrac{\varepsilon_P m_P}{\varepsilon'_V m'_V - \varepsilon_V m_V}} \tag{5}$$

Ziel der Nahrungsaufnahme ist es, die freie Energie möglichst vollständig dem Verbraucher zu übertragen. Ohne Beschränkung der Allgemeingültigkeit für den Zweck der Nahrungsaufnahme können wir deshalb unter Verwendung der Abkürzung $\varepsilon'_V m'_V - \varepsilon_V m_V = M_V \Delta\varepsilon$ konsequenterweise $\varepsilon_P m_P << M_V \Delta\varepsilon$ setzen.

Ein Maß für die Qualität ist folglich mit dieser Näherung nach (5) aus

$$\frac{s_N}{\varepsilon_N} \leq \left(\frac{\Delta s}{\Delta \varepsilon}\right) + s_P \frac{m_P}{M_V \Delta \varepsilon} \tag{6}$$

ableitbar, wobei analog $s'_V m'_V - s_V m_V = M_V \Delta s$ gesetzt wurde. Die »Qualität« nach Schrödinger wird quantifizierbar als das Maß, um das $\left(\frac{\Delta s}{\Delta \varepsilon}\right)$ nach negativen Werten hin von Null abweicht. Gehen wir von der differentiellen Nahrungsübertragung mit $m_p \rightarrow 0$ aus, dann bedeutet dies, daß

$$\left(\frac{\delta s}{\delta \varepsilon}\right)_N < 0 \tag{7}$$

das Maß für die Qualität der Nahrung *und* ihrer Verwertbarkeit darstellt. Mit anderen Worten: (7) bedeutet, daß die Nahrung Information auf den Verbraucher übertragen muß. Diese Fähigkeit liefert das quantitative Qualitätskriterium $\left(\frac{\delta s}{\delta \varepsilon}\right)_N$.

Für das System im thermischen Gleichgewicht ist (7) gerade der Kehrwert der Temperatur. Da er nie negativ werden kann, läßt sich Nahrung nicht aus der Energie thermischen Gleichgewichts gewinnen.

Um die Qualität des Nahrungsmittels vollständig zu charakterisieren, muß (7) als spektrale Größe aufgefaßt werden. Alle Spektralkomponenten

$$\left(\frac{\partial s}{\partial \varepsilon}\right)_V$$

charakterisieren nach dieser Vorstellung alle Eigenschaften des Nahrungsmittels, wie Art, Frischezustand, etc … Auch die subjektiven Komponenten (zum Beispiel Geschmack, Verträglichkeit) sind erfaßbar, da in der Bilanzgleichung (4) die Interaktion zwischen Nahrung und Verbraucher eingeht. Im Fall, daß

$$\frac{\Delta s}{\Delta \varepsilon} = \frac{(s'_V - s_V)}{(\varepsilon'_V - \varepsilon_V)} > \frac{1}{T} > 0$$

muß mit einer schädigenden Wirkung des Nahrungsmittels gerechnet werden.

Der Zusammenhang zur Biophotonen-Analytik ergibt sich bereits im einfachsten Modell aus der folgenden Überlegung: Das Nahrungsmittel wird als nicht-thermischer Hohlraumresonator weg vom thermischen Gleichgewicht aufgefaßt, der seinen Speicherinhalt im Verbraucher entleert. Dieses Modell ist nicht abwegig, wenn man bedenkt, daß beispielsweise Glukose als Speichermolekül für Sonnenlicht betrachtet werden kann, das bei der Glukolyse (in $CO_2$ und $H_2O$) wieder vollständig entfernt wird und lediglich die Bindungsenergie, die aus der Photosynthese gewonnen wurde, freigibt. Ein Maß für die Negentropie des Resonators ist seine Resonatorgüte Q nach (8)

$$Q_\nu = 2\pi\nu \frac{U_\nu}{i_\nu} \frac{V}{F} = 2\pi\nu\tau_\nu \qquad (8)$$

wobei $v$ die Frequenz, $U_v$ und $i_v$ die gespeicherte Energie bzw. den Leckstrom darstellen, $V$ und $F$ die Volumina bzw. Oberfläche des Gebildes sind. $\tau_v$ ist die »Kohärenzzeit«, die in erster Näherung als Abklingzeit nach externer Anregung zu messen ist.

Zwischen (7) und (8) existiert ein Zusammenhang. In einfachster Näherung wird dann

$$\left(\frac{\partial s}{\partial \varepsilon}\right)_{\nu,N} \propto \left(\frac{\partial \tau}{\partial \varepsilon}\right)_{\nu} \propto \left(\frac{1}{i_\nu}\right) \qquad (9)$$

bei konstantem Volumen und konstanter Oberfläche.

Der Dunkelstrom $i_v$, die Abklingkonstante $\tau$ (und alle weiteren, davon ableitbaren Größen der Biophotonenanalytik) beschreiben folglich eben jenes, von E. Schrödinger eingeführte Maß der Lebensmittelqualität.

# Literatur

*AID-Verbraucherdienst*, Heft 1131 (1989).

M. Bischof: Biophotonen. Das Licht in unseren Zellen, Zweitausendeins, $^{6}$1995.

J. J. Chang, J. Fisch, F.-A. Popp: Biophotons. Kluwer Academic Publishers (1998), Dordrecht–London.

A. Crubellier, S. Lieberman, D. Pavlioni und J. Pillet. *J. Phys.* B 18 (1985), 3811.

R. H. Dicke: Coherence in spontaneous radiation processes. *Phys. Rev.* 93 (1954), 99–110.

S. Diemair (Hrsg.): Lebensmittelqualität. Ein Handbuch für die Praxis. Wissenschaftliche Verlagsgesellschaft mbH, Stuttgart 1990.

W. Gabel: Zitiert nach Kapfelsberger und Pollmer (1983).

M. Galle, R. Neurohr, G. Altmann, F.-A. Popp und W. Nagl: Biophoton emission from Daphnia magna: A possible factor in the self-regulation of swarming. *Experientia* 47 (1991), 457–460.

F. Grasso, G. Grillo, F. Musumeci, A. Triglia, G. Rodolico, F. Cammisuli, C. Rinzivillo, G. Fragati, A. Santuccio und M. Rodolico: Photon emission from normal and tumor human tissues. *Experientia* 48 (1992), 10–13.

U. Heinze et al., Katalyse Umweltgruppe: Was wir alles schlucken. Rowohlt, Reinbek 1985.

E. Kapfelsberger und U. Pollmer: Iß und stirb. Kiepenheuer & Witsch, Köln 1983.

Katalyse: Neue Chemie in Lebensmitteln, Zweitausendeins, $^{52}$1998.

Katalyse: Was wir alles schlucken, Rowohlt, Reinbek 1985.

K.-P. Kerbusk: Der Gen-Fraß. Biotechniker bauen die Nahrung um. *Der Spiegel* 15 (1993), 202–218.

B. Köhler, K. Lambing, R. Neurohr, W. Nagl, F.-A. Popp und J. Wahler: Photonenemission – Eine neue Methode zur Erfassung der »Qualität« von Lebensmitteln. *Deutsche Lebensmittel-Rundschau* 3 (1991), 78–83.

W. Kollath: Die Ordnung unserer Nahrung. 6. Auflage. K. F. Haug Verlag, Heidelberg 1977.

Klaus Lambing: Nutzung der »low-level-luminescence«-Meßtechnik zur Untersuchung von Lebensmitteln. Dissertation. Fachbereich Biologie, Universität Kaiserslautern, 1992.

*Ökotest-Magazin,* Nr. 10, Oktober 1991, S. 35–38, und Nr. 188, August 1992, S. 14–16.

W. Ostertag: Lebende Makromoleküle als Lebens-Elixier. Humata Verlag Harold S. Blume, Bern 1981.

U. Pollmer: Der Bäcker-Report, 1000 Ideen für den Alltag. *Natur* Sonderheft 1991.

F.-A. Popp: Biophotonik – Eine nichtinvasive Methode zur Analyse der Lebensmittelqualität. In: Zerstörungsfreie Qualitätsanalyse. DGQ – TU München. XXXIV. Vortragstagung 1999. Freising, S. 237–248.

F.-A. Popp: Tumortherapie 2000 – Konzepte, Modelle, Ergebnisse und Hilferufe. *Erfahrungsheilkunde* 3 (1992), 146–155.

F.-A. Popp, K. H. Li und Q. Gu: Recent Advances in Biophoton Research and its Applications. World Scientific, Singapore–London 1992.

H. Priebe: Die subventionierte Naturzerstörung. Siedler-Buch bei Goldmann, München 1990.

I. Prigogine, G. Nicolis und A. Babloyantz: Thermodynamics of Evolution. *Physics Today* 11 (1972), 23–28.

B. Ruth und F.-A. Popp: Experimentelle Untersuchungen zur ultraschwachen Photonenemission aus biologischen Systemen. *Z. Naturforsch.* 31 c (1976), 741.

D. H. J. Schamhart und R. van Wijk: Photon Emission and the Degree of Differentiation. In: Photon Emission from Biological Systems. World Scientific, Singapore 1987, 137–152.

E. Schrödinger: Was ist Leben? Cambridge University Press, London 1945.

K. Überla: Faktorenanalyse. 2. Auflage. Springer, Berlin–Heidelberg 1971.

G. Ungar: Der molekulare Code des Gedächtnisses. In: Mannheimer Forum. Studienreihe Boehringer Mannheim, 1973/74, 141–192.

T. V. Veselova, V. A. Veselovskii, A. B. Rubin, P. Z. Bochrarov: Delayed luminescence of air-dry soybean seeds as a measure of their viability. *Physiol. Plant.* 65 (1985), 493–497.

H. Vetter: Umwelt und Nahrungsqualität, Heyne-Buch Nr. 4699, München 1980.

L. Watson: Omnivore. Sceptre, Dunton Green, Sevenoaks, Kent 1988.

Das Papier dieses Buches, einschließlich Überzug und Vorsatz, besteht zu 100 Prozent aus Altpapier. Das Kapitalband wurde aus ungefärbter und ungebleichter Baumwolle gefertigt.